내 몸에 맞는 영양과 건강 이야기

내 몸에 맞는

영양과 건강 이야기

홍 재 훈 지음

보문각

홍재훈

고려대학교 졸업
히로시마대학교 대학원 : 의학박사
현, 건양대학교 제약생명공학과 교수

내 몸에 맞는
영양과 건강 이야기

초판발행 2013년 3월 20일
초판인쇄 2013년 3월 15일

지은이 홍재훈
펴낸이 이호동

발행처 보문각
블로그 http://bomungak.blog.me
e-mail bomungak@naver.com
주소 서울시 광진구 구의동 26-20 프레빌 201호
등록번호 302-2003-00085
전화 02) 468-0457
팩스 02) 468-0458

값 15,000원
ISBN 978-89-6220-162-8 93570

머리말

현재 우리나라 사람들의 평균 수명은 급속도로 늘어나고 있다. 이는 의학의 발달과 더불어 식생활이 좋아졌기 때문이다. 그러나 오래 살게 되면서 많은 질병에 노출되게 되어 단순히 얼마나 오래 사느냐가 아니라 실제로 활동하며 건강하게 사는 기간인 건강 수명이 삶의 질을 설명하는 하나의 중요한 지표가 되었다.

건강하게 오래 사는 일은 만인의 본능에 가까운 욕구이다. 건강 수명은 평균 수명보다 대략 10년 정도 짧은데 그 이유는 만성질환 등의 각종 질병에 시달리기 때문이며, 이 만성질환들은 우리가 일상적으로 먹는 음식이나 생활습관과 매우 밀접한 관계가 있다. 즉 평소에 먹는 음식과 일상의 습관에 따라 더 건강하고 오래 삶을 즐길 수 있는 확률이 높아진다고 할 수 있다.

현대는 정보의 홍수시대다. 도처에 넘쳐나는 건강, 장수와 관련된 정보들은 올바른 것도 많지만 잘못된 것도 많다. 질병을 예방하고 건강하게 살려면 올바른 지식을 접하고 실천하는 일이 중요하다. 이런 차원에서 이 책은 일반인은 물론 생명과학 분야를 공부하는 학생들에게 우리 몸의 상태와 질병, 그와 관련된 식생활에 대한 올바른 지식을 갖는 데 도움이 될 것이다. 부디 독자들에게 도움이 많이 되길 바란다.

2013년 저자 씀

CONTENTS

CONTENTS

section 1 식생활과 건강

독일의 철학자 포이에르 바하는 "당신이 먹는 것이 곧 당신 자신이다(You are what you eat)."라고 설파한 바 있고, 우리나라와 중국에는 '의식동원(医食同源)'이라는 말이 있다. 이렇게 우리가 매일 먹는 음식은 우리의 몸을 구성하고, 몸과 마음에 큰 영향을 끼친다는 것은 이제 하나의 상식이 되었다. 건강한 삶을 위해서는 1차적으로 영양을 고루 갖춘 음식을 잘 먹는 것이 중요하며 적당한 운동과 함께 즐겁게 일상을 영위하는 것이 필수 요소이다.

우리나라 사람들의 평균 기대수명은 2011년을 기준으로 보았을 때 남녀 모두 평균 79.2세로 과거에 비해 크게 늘어났는데 그 이유는 크게 두 가지로 볼 수 있다. 첫째는 영양수준의 향상이고, 둘째는 의료기술의 발달이다. 영양이 건강과 장수에 왜 그렇게 중요한가? 이는 음식물에 있는 영양소의 기능을 알면 쉽게 이해할 수 있다.

영양소의 역할은 첫째, 인체활동에 필요한 에너지를 공급하며 몸을 구성하는 기능을 한다. 둘째, 미각이나 취각 등의 관능적인 기능을 한다. 셋째, 인체의 여러 기능을 조절해 원활하게 활동할 수 있도록 생체를 조절하는 기능을 한다. 생체조절기능은 면역력 부활이나 알러지 억제와 같은 생체방어, 신경·소화기능 조절과 같은 생체

리듬 조절, 과산화지질 억제 등에 의한 노화억제, 성인병이나 암 등의 질병예방 등을 들 수 있다.

이와 같은 기능은 건강한 생명체의 가장 기본적인 내용인데 식사가 적절하지 못하면 이 3가지 기능을 충족시킬 수 없어 결국 건강하지 못한 상태에 빠지게 된다. 영양이 부족하면 면역기능을 떨어뜨려 전염병을 비롯한 각종 감염성 질병에 잘 걸리게 만들고, 넘치면 비만·당뇨·암 등과 같은 성인병을 유발시키는 원인이 된다.

1. 식이 관련 질환

현대인의 주요 사망원인이 되는 암은 발생원인의 약 1/3이, 기타 만성질환 약 1/2이 식이와 관련이 있다고 한다. 성인병이라고도 하는 만성질환은 나이를 먹음에 따라 우리 몸이 퇴화되면서 발생하는 여러 가지 질환을 말하며, 이것은 환자를 급속히 위험에 이르게 하는 위급한 질환은 아니나 일단 발병하면 완치가 어려운 것이 특징이다. 완치하기 어려운 만큼 예방이 가장 좋은 방법이며 일단 질병이 생기면 더 이상 악화되지 못하게 하거나 진행을 최대한 늦추는 것이 최선이다.

이들 만성질환의 발생은 전염병 등과 같이 집단의 위생관리에 의해 좌우되기 보다는 유전·연령·성별·생활양식·환경인자·식습관 등의 생활습관에 의해서 절대적인 영향을 받는다. 여러 가지 환경요인 중에서 식습관은 우리가 조절할 수 있는 것이므로 만성질환의 예방과 치료를 위해서는 식생활을 올바르게 해야 한다. 적절한 식사는 여러 질병을 예방할 뿐 아니라 병이 생기더라도 건강을 빨리 회복시키는 데 도움을 줄 수 있다. 반면 불합리한 식생활은 질병을 유발하거나 촉진시킨다.

예를 들어 총에너지양과 지질의 과잉섭취는 비만·암·고혈압·당뇨·심근경색을 증가시키고, 지나친 나트륨 섭취는 암·고혈압·골다공증 등을 촉발시키며, 스트레스는 암·고혈압·동맥경화·골다공증 등과 관계있다고 밝혀졌다. 특히 만성질환을 예방하는 생활습관과 식단을 알아두는 것은 건강하게 생활하려는 모든 사람에게 중요하다. 특히 암이나 당뇨병 등 특정 질병의 가족력이 있는 사람에게는 더 필요하다.

[표 1-1] 남녀별로 본 한국인의 사망원인 순위

남 자			여 자		
1위	암	178.9	1위	암	106.7
2위	뇌혈관질환	48.5	2위	뇌혈관질환	52.8
3위	심장질환	48.3	3위	심장질환	51.3
4위	자살	43.3	4위	당뇨병	20.9
5위	당뇨병	22.1	5위	자살	20.1
6위	간질환	20.9	6위	폐렴	17.1
7위	운수사고	18.7	7위	고혈압성질환	13.6
8위	만성하기도질환	17.6	8위	만성하기도질환	10.2
9위	폐렴	17.2	9위	알츠하이머병	6.6
10위	고혈압성질환	6.5	10위	운수사고	6.5

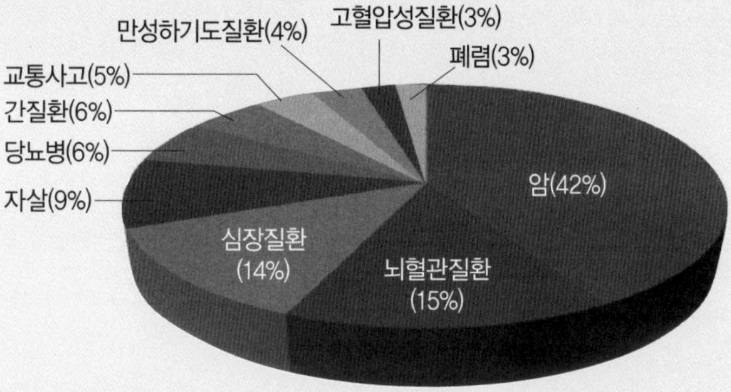

[그림 1-1] 한국인의 10대 사망원인

[표 1-2] 연도별 질병별 사망률 추이(인구 10만 명당)

사망 원인	2001년	2010년	2011년
암	122.9	144.4	142.8
순환기 계통 질환	120.4	112.5	113.5
호흡기 계통 질환	32.6	37.1	39.8
소화기 계통 질환	30.0	22.2	22.2
내분비·영양 대사 질환	25.6	22.3	23.4
감염성·기생충성 질환	12.0	13.4	13.5

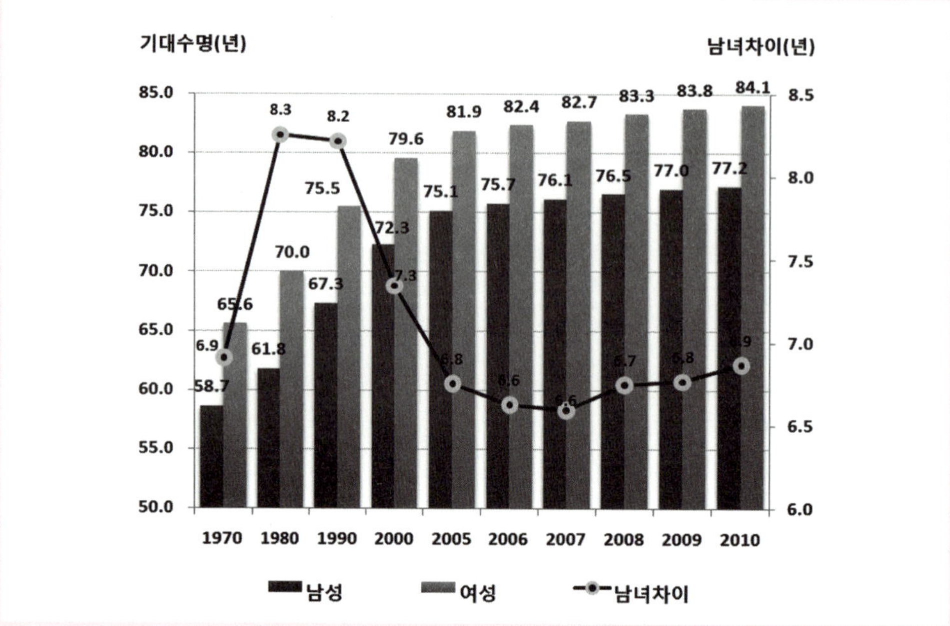

[그림 1-2] 한국인의 기대수명 변화 추이

- 2010년 출생아의 기대수명은 남자 77.2세, 여자 84.1세
- 기대수명은 여자가 남자보다 6.9년 더 오래 사는 것으로 나타남
- 2010년 출생아의 경우 현재의 사망원인이 유지된다면
  - 악성신생물(암) 사망확률은 남자 28.3, 여자 17.0%
  - 뇌혈관질환 사망확률은 남자 10.5, 여자 12.3%
  - 심장질환 사망확률은 남자 8.8, 여자 11.7%

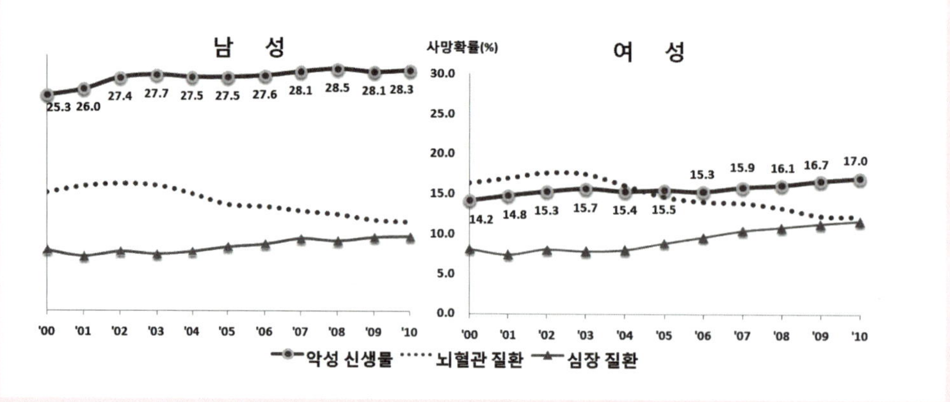

[그림 1-3] 출생아의 3대 사인에 의한 사망확률 추이

2. 만성질환이 되는 식사와 생활

만성질환은 잘못된 식생활이나 생활습관이 오래 쌓여 생기는 경우가 많다. 유전적인 요소가 있는 사람은 그렇지 않은 사람에 비해 이러한 후천적인 요인으로 만성질환이 촉진되거나 진행이 가속될 수 있는 것이다. 가령 섭취 에너지가 과다하거나 지질을 과다하게 섭취하면 비만·고혈압·당뇨 등 대부분의 만성질환에 취약해진다. 요즘 관심을 모으는 대사증후군(metabolic syndrome)은 위와 같은 만성질환이 동시에 오는 현상을 말한다. 만성질환을 억제할 수 있는 식사는 아래와 같다.

(1) 바람직한 식사

① 전곡류가 많고 지방이 적은 식사
② 신선한 생선·과일·채소·콩·견과류를 많이 먹는 식사
③ 육류·가금류·유가공 식품을 적절히 제한하는 식사
④ 각종 영양소가 균형있게 포함된 식사

(2) 바람직하지 못한 식사

① 설탕 등 단순당이 많이 들어 있는 식사
② 튀긴 음식이나 피자 등 고지방 고열량식 식사
③ 즉석 가공식품이나 냉동식품 등을 자주 먹는 습관
④ 패스트푸드를 자주 먹는 습관

3. 건강한 식생활

1) 건강한 식생활을 위한 기본원칙

(1) 적절한 양의 균형 잡힌 식사

적절한 양을 섭취한다는 것은 몸에 필요한 모든 영양소를 부족하지 않게 골고루 섭취할 수 있는 기본 요건이다. 균형 잡힌 식사는 인체에 필요한 각종 영양소가 적

당한 양으로 포함되어 있는 식사를 말한다. 즉 매일의 식사에서 곡류·어육류·채소·과일·우유·지방 등 다양한 식품을 골고루 먹는 것을 말한다.

(2) 총 섭취에너지양의 조절

하루에 필요한 에너지를 고려해 필요한 에너지양을 과하거나 부족하지 않게 적절하게 먹는 것을 의미한다. 하루에 남자 성인은 2,000~2,500㎉ 정도, 여자 성인은 1,800~2,200㎉ 정도의 에너지가 필요하고, 체중을 줄이려고 다이어트를 할 때도 여자는 1,200㎉, 남자는 1,500㎉ 이상은 섭취해야 한다.

(3) 적당한 운동과 스트레스 해소

즐겁게 식사하며 규칙적이고 적당한 부하와 칼로리를 소모할 수 있는 유산소나 근력 운동이 필요하다.

2) 한국인을 위한 식사지침

한국인의 건강한 생활을 위한 식사지침을 아래에 기술했다. 바쁜 현대생활에서 지키기 어려운 경우도 있겠지만 일상생활에서 아래의 사항을 습관화하는 것이 매우 중요하다 할 수 있겠다. 보건복지부가 권장하는 한국 성인을 위한 식생활지침과 세부지침을 소개하면 아래와 같다.

(1) 각 식품군을 매일 골고루 먹자

① 곡류는 다양하게 먹고 전곡을 많이 먹는다.

② 여러 가지 색깔의 채소를 매일 먹는다.

③ 다양한 제철 과일을 매일 먹는다.

④ 간식으로 우유·요구르트·치즈와 같은 유제품을 먹는다.

⑤ 가임기 여자는 기름기가 적은 붉은 살코기를 적당하게 먹는다.

(2) 활동량을 늘리고 건강한 체중을 유지하자

① 일상생활에서 많이 움직인다.

② 매일 30분 이상 운동을 한다.

건강장수를 위한 명약은 있는가?

중국의 진시황을 비롯해 북한의 김일성 부자까지 건강장수를 갈망하는 인간의 욕구는 고금을 가리지 않고 존재해왔다. 과연 건강장수에 특효인 음식이나 약이 있는가? 한국의 100세 이상 인구의 식생활을 조사한 것을 보면 보약이나 영양제·건강식품 등 건강에 도움을 준다고 생각하는 음식을 섭취한 사람보다 그렇지 않은 사람의 비율이 훨씬 더 높았다(77.4>22.6%). 심지어 약 20%는 담배를 피웠고, 약 25%는 적은 양이지만 음주를 했다. 즉 특별한 음식이나 약에 의존하지 않았다. 이러한 현상은 세계 각국의 장수촌에서도 비슷하게 나타났다.

세계 장수인들의 공통점은 좋은 자연환경에서 살고 있고, 활동적이며 낙천적이고, 음식을 가리지 않고 잡곡이 중심인 자연식 위주로 넘치지 않게 먹고, 신선한 과일·야채와 요구르트·견과류 등을 즐겨 먹었다. 노인학의 권위자인 미국의 드브리스 교수는 다음의 7가지 즉, 적절한 영양식, 충분한 수면, 정규적인 운동이나 노동, 적당한 음주, 금연, 긴장 최소화, 알맞은 체중 유지를 잘 지키면 100~120세까지 무난히 살 수 있다고 주장한다. 한때 세계 3대 장수촌 중의 하나였던 일본 오끼나와 지역이 지금은 평범한 곳이 된 중요한 이유 중 하나는 오끼나와의 전통식생활에서 다른 지역과 다를 바 없는 식생활로 변했기 때문이라고 한다. 이를 볼 때 불로장수의 명약이나 음식은 따로 없으나 잘못된 식생활은 우리의 건강을 해치고 수명을 단축시키는 중요 요인이 될 수 있다고 말할 수 있다.

③ 건강한 체중을 유지한다.

④ 활동량에 맞게 에너지 섭취량을 조절한다.

(3) 청결한 음식을 알맞게 먹자

① 식품을 사거나 외식을 할 때는 청결한 것을 고른다.

② 음식은 먹을 만큼만 만들고 먹을 만큼만 주문한다.

③ 음식을 만들 때는 식품을 위생적으로 다룬다.

④ 매일 세끼 식사를 규칙적으로 한다.

⑤ 밥과 다양한 반찬으로 균형있는 식생활을 한다.

3) 제한사항

(1) 짠 음식을 피하고 싱겁게 먹자

① 음식을 만들 때 소금이나 간장은 되도록 적게 넣는다.

② 국물은 짜지 않게 만들고 적게 먹는다.

③ 음식을 먹을 때 소금이나 간장을 더 넣지 않는다.

④ 김치는 덜 짜게 만들어 먹는다.

(2) 지방이 많은 고기나 튀긴 음식은 적게 먹자

① 고기는 기름을 떼고 먹는다.

② 튀긴 음식은 적게 먹는다.

각 나라들은 국민의 보건을 위해 자국의 식생활 유형에 맞게 식생활지침을 마련하고 있다. 공통점은 총에너지의 적절성, 식품섭취의 다양성, 복합탄수화물과 식이섬유소의 권장, 콜레스테롤과 염분의 제한 등이다.

section 2

음식물의 소화흡수와 열량소

인체는 생명을 유지하는 동안 지속적으로 에너지가 필요하고, 섭취한 음식물에서 화학에너지를 추출하여 사용한다. 기계적인 작용으로 잘게 부순 음식물에 여러 가지 소화효소가 작용하여 저분자의 구성단위로 분해된 후 장관에서 흡수되고, 이들은 간·지방조직·근육 등의 주요 저장과 이용 조직으로 간다.

1. 음식물의 소화와 흡수

1) 소화기의 구조

소화기계는 신체의 중앙부를 통과하는 9m 정도 되는 관으로 입·인두·식도·위장·소장·대장을 통해 항문에서 끝난다. 위장관에는 침샘·간·췌장 등이 도관으로 연결되어 소화액을 위장관 내로 분비한다.

① 구강 : 혀로 음식의 맛을 느끼고, 치아와 턱의 저작기능으로 음식물을 잘게 부수고, 침이 분비되어 음식물과 섞이며 탄수화물의 소화를 돕는다.

② 인두 : 구강에서 식도로 연결되는 부위를 말한다.

③ 식도 : 구강과 인두를 거쳐 넘어온 음식물을 연동운동으로 위로 보내는 기능을 하며, 소화효소는 분비되지 않는다. 길이는 약 25㎝, 직경은 2㎝ 정도다.

④ 위 : 위로 들어온 음식물은 위에서 분비되는 위액과 섞이면서 좀더 작은 입자로 소화된다. 위액은 단백질을 분해하고, 위산은 우리 몸에 들어온 병균을 죽이기도 한다. 길이는 약 40㎝, 용적은 1.2~1.6L, 위액 분비량은 약 1~2L, 음식은 평균 3~4시간 머문다.

⑤ 샘창자(십이지장) : 위에서 소화된 음식물이 내려와 소장으로 연결되는 통로이다. 쓸개즙과 이자액이 분비되는 통로에서 단백질과 지방의 소화를 돕는 소화효소가 분비된다.

⑥ 작은창자(소장) : 빈창자(공장)와 돌창자(회장)로 되어 있는데 길이는 6m 정도이며 구불구불하다. 소화된 음식물을 영양소로 분해하여 대부분의 영양소가 이곳에서 몸으로 흡수된다. 십이지장은 약 30㎝, 소장은 약 6~8m, 직경은 4㎝ 정도, 장액 분비량은 약 2.4L, 췌장 분비량은 약 1.5L, 담즙 분비량은 약 20g 정도이다.

⑦ 큰창자(대장) : 맹장·상행결장·횡행결장·하행결장·직장 순으로 이어진다. 작은창자에서 대부분의 영양소가 흡수되고, 나머지는 큰창자로 보내진다. 큰창자 점막에서는 소화액은 분비되지 않고 점액이 약간 나와 수분을 흡수하는 기능을 한다. 장내 세균이 분해시킨 이산화탄소·메탄·수소 등의 가스가 생긴다. 소화되고 남은 찌꺼기들이 대장의 끝부분인 곧창자(직장)로 모여 대변이 된다. 길이는 약 1.5m, 직경은 약 5㎝ 정도 된다.

⑧ 항문 : 소화기관의 가장 마지막 부분이다. 조임근이 닫혀 있다가 직장에 대변이 차면 부피와 압력에 의해 배변반사가 일어나 항문이 이완되면서 대변이 나오게 된다.

2) 소화작용

소화작용은 소화관의 운동, 소화액의 생성과 분비, 소화액의 작용으로 이루어진다. 소화관의 운동과 소화액의 생성과 분비는 부교감과 교감 신경에 의한 신경조절과 가스트린·세크레틴 등의 여러 가지 호르몬에 의한 액성조절을 받는다.

(1) 구강의 소화작용

구강에서는 치아가 음식물을 잘게 부수고 타액으로 고르게 혼합시키면서 타액의 아밀라제의 작용으로 전분의 일부가 분해된다. 저작 후 연하작용으로 인두와 식도를 통해 음식물이 위로 간다.

(2) 위의 소화작용

음식물이 위로 가면 가스트린이 분비되고 위액 분비를 자극한다. 위액은 염산이 있어 pH 1~2 정도로 강한 산성을 띠는 액체인데, 단백질 분해효소인 펩신이 들어 있

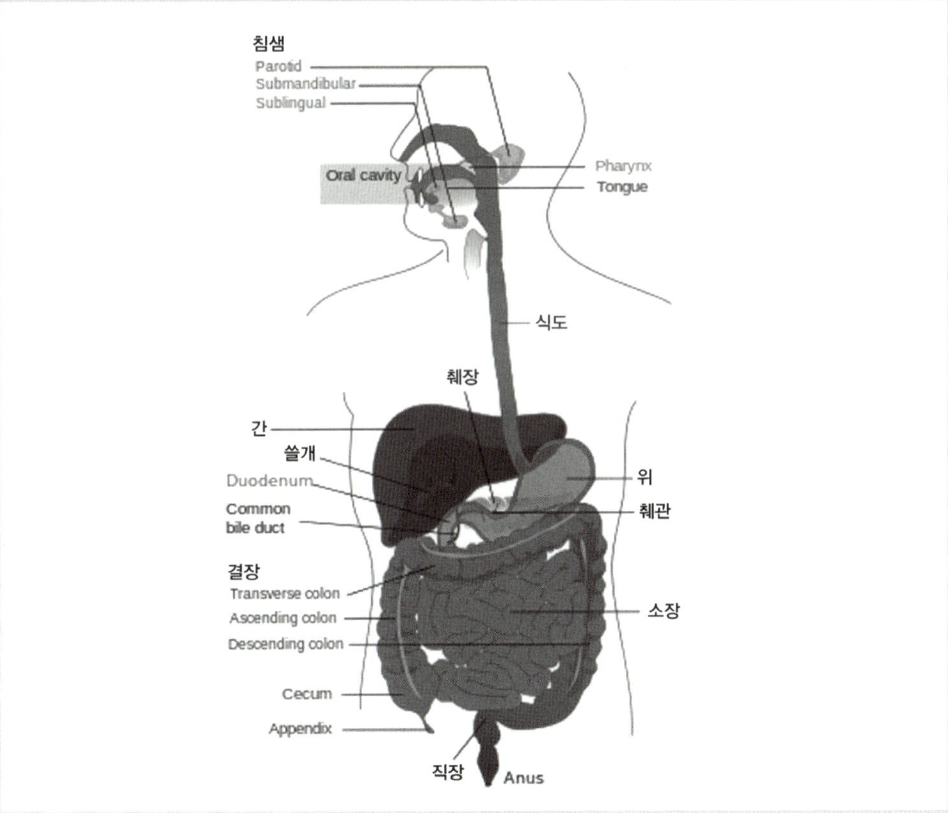

[그림 2-1] 인체의 소화기관

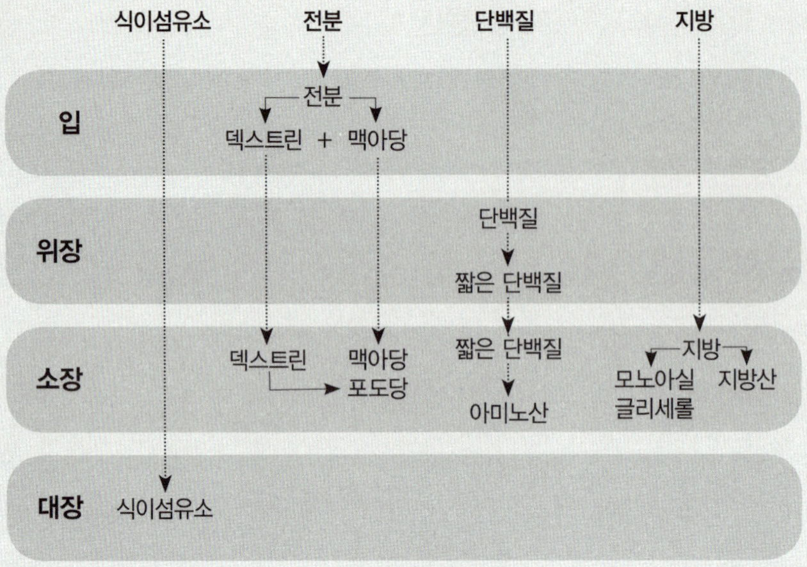

[그림 2-2] 각 영양소의 소화경로

어 단백질을 부분적으로 분해한다. 위는 또 수축작용으로 음식물의 소화를 돕는다. 위벽은 위점막·점막하층·근육층·장점막층으로 되어 있다. 위산이 많이 나와 점막이 헐어 위염이 생기고 점막하층까지 망가지면 위궤양이라 한다.

(3) 소장의 소화작용

소장은 위에서 넘어온 음식물을 여러 가지 소화효소를 작용시켜 소화 흡수하는 곳으로, 위의 유문을 통해 십이지장으로 음식물이 가면 이를 중화시키려고 중탄산염이 분비된다. 이는 췌장 호르몬인 세크레틴에 의해 촉진된다. 췌장은 십이지장과 연결되어 있는데 길이는 약 15㎝, 무게는 약 100g 정도이고, 20여 종의 소화효소와 함께 인슈린·글루카곤 등의 호르몬류, 약알칼리성의 췌장액 등을 분비하는 기관이다. 담낭은 폭이 약 3.5㎝, 길이는 약 7㎝, 부피는 약 50㎖ 정도이며, 쓸개즙을 담고 있는 기관이다. 쓸개즙은 지방과 콜레스테롤을 유화시켜 리파제의 작용을 받기 좋은 상태로 만든다. 소장은 위에서 소화물이 내려오면 연동·분절·융모 운동으로 소화 흡수와 음식물이 대장으로 가는 것을 돕는다.

(4) 대장의 소화작용

대장의 길이는 약 1.5m이며 결장과 직장으로 나눈다. 대장에서는 소화나 영양소를 흡수하지 않으며 장벽에서는 약알칼리성의 점액을 분비한다. 대장에는 미생물이 많아 소장에서 소화흡수되지 않은 음식물이 발효되어 초산·프로피온산·낙산과 같은 짧은 사슬의 지방산과 수소·이산화탄소·암모니아 등의 가스가 생긴다. 또한 비타민K와 비타민B 복합체가 합성되기도 한다.

[표 2-1] 위장관의 주요 기능

기 관	주분비물	주요 기능
구강	프티알린(아밀라아제) 타액	저작, 탄수화물 분해
식도	점액	연동운동으로 음식물을 위로 내려보냄. 식도 하부 괄약근의 작용으로 음식물의 역류방지, 윤활작용
위	펩신·염산·점액	음식물을 교반·연화·살균·십이지장으로 보냄. 단백질 소화, 알코올과 소량의 지방 흡수
췌장 (이자)	아밀롭신·리파제·포스포리파제·트립신·키모트립신·중탄나산염	탄수화물·지방·단백질 분해효소 분비, 위 내용물을 중성으로 중화시킴
간	담즙생성 중탄산염 생성	지방을 유화시키고 위산을 중화시킴
쓸개	-	담즙 저장과 분비
소장	슈크라제·락타아제·말타아제·점액	대부분의 영양소를 소화 흡수함
대장	점액	내용물 저장과 농축, 물과 무기질 흡수 후 내용물을 직장으로 보냄
직장	점액	배변

대장이 하루에 몇 차례 연동운동을 하면 분변이 직장에 이르고, 직장의 내압이 30~40mmHg가 넘으면 변의를 느끼고, 횡경막과 복부근육이 수축하면서 복강 내압을 높여 직장 내압이 100~200mmHg에 이르면 변이 밖으로 나온다.

3) 섭식–단식주기

(1) 섭식기

가스트린·세크레틴·콜레시스토키닌 등의 호르몬이 효소·담즙·중탄산염의 분비를 촉진해 소화를 돕는다. 초기 식사 후 당류와 아미노산들은 간 문맥을 통해 간으로 간다. 대부분의 지방은 소장에서 킬로미크론의 형태로 림프와 혈류를 타고 근육과 지방조직으로 운반되어 대부분의 중성지방이 제거된 잔유물은 간에 흡수된다. 인지질·지방·콜레스테롤·약간의 중성지방은 다시 분해되거나 이용된다. 인슈린은 근육과 지방조직에 의한 포도당 흡수, 간과 근육의 글리코겐 합성, 간과 지방세포의 지질합성, 포도당 신생합성, 조직에서 단백질 합성 등을 촉진한다.

(2) 단식기

소장에서 영양분의 공급이 감소하면서 혈액의 혈당과 인슈린의 수준이 정상으로 떨어진다. 혈당과 인슈린 농도가 떨어지면서 글루카곤이 방출되며 근육에서 알라닌과 글루타민의 방출과 지질분해를 촉진시킨다. 노르에피네프린은 지방조직에서 많은 지방산이 동원되게 작용하고 글루카곤은 근육유래의 아미노산을 당신생합성에 이용하게 한다. 기아 초기에는 근육에서 많은 양의 아미노산이 포도당 합성에 이용되게 하는데, 기아가 지속되면 지방조직에서 지방산이 공급되고 간에서 케톤체가 공급되어 단백질 감소를 경감시킨다.

(3) 섭식행동

섭식행동은 인간을 포함한 동물들이 음식물을 찾고 소모하는 복잡한 메커니즘이다. 식욕과 신체대사를 조절하기 위해 말초기관부터 호르몬의 신경신호와 외부환경의 감각입력 등이 포함되며, 식욕을 제어하는 신경회로는 시상하부와 뇌간에 있다.

2. 열량소

우리 몸은 6가지 그룹의 영양소가 필요하다. 표2–2에 이들의 기능과 종류를 담았다. 이 중 인체에 에너지원으로 작용하면서 많은 양이 필요한 영양소를 3대 열량소라고 하는데 탄수화물·지방·단백질을 말한다. 무기질은 일부가 몸을 구성하기도 하지만 비타민과 함께 주로 생리 조절작용을 한다.

1) 탄수화물

(1) 일반적 특성

① 지구상에서 가장 풍부한 영양소이다. 생산비용이 적게 들며 탄수화물의 기본 물질인 포도당은 광합성작용으로 합성된 후 식물의 뿌리·열매·줄기·잎 등에 전분이나 섬유소 형태로 저장된다.

② 체내에서 가장 많이 필요하며 중요한 에너지 공급원이다. 소화되기 쉽고 대사 후 몸 안에서 독성물질을 적게 만든다.

(2) 탄수화물의 종류

① 단당류

- 포도당 : 혈액에 있는 당(혈당) 성분이며 전분이 소화될 때 생성된다. 감미도는 설탕을 100으로 했을 때 70이다. 식품 중에는 과일·채소·꿀 등에 많다.
- 과당 : 과일에 많아 과당이라 부르게 되었다. 설탕을 100으로 했을 때 150일 정도로 단맛이 강하고, 과일 외에는 꿀에 많다.
- 갈락토오스 : 동물의 젖에 많으며 단맛이 약하고 뇌성분에 필요하다. 감미도는 설탕을 100으로 했을 때 30이다.

② 이당류

단당류가 두 개 결합한 당을 말하며 아래의 것들이 풍부하다.

- 서당(자당) : 설탕을 말한다. 포도당과 과당이 결합한 것으로 사탕수수·사탕

무우 외에 과일에 많고 오이·무·양배추 등의 채소에도 많이 들어 있다.

- 맥아당 : 2개의 포도당이 결합한 것으로 전분이 효소적으로 가수분해될 때 많이 만들어 진다. 엿·식혜 등의 식품에 많이 들어 있는 당이다. 감미도는 설탕을 100으로 했을 때 50 정도이다
- 유당 : 포도당과 갈락토오스가 결합한 것으로 동물의 젖에 주로 들어 있으며 몇 종류의 식물의 씨앗에서 발견되었다는 보고가 있다. 성인이 되어 유당분해효소가 부족해지면 유당의 분해가 잘 안 되어 유당불내증의 원인이 된다.

③ 올리고당류

- 3~10여 개의 단당류로 구성되며 대부분 사람의 소화효소에 의해 분해되지 않지만 대장에 있는 세균에 의해 분해된다.
- 설탕과 비슷한 단맛과 물성을 가지며 저에너지 감미료이다.
- 종류에는 프락토올리고당·이소말토올리고당·갈락토올리고당 등이 있다.

④ 다당류

보통 3,000개 이상의 단당류로 구성되며 자연계에 가장 풍부하게 유기물로 사람이 소화가능한 소화성 다당류(전분·글리코겐)와 사람이 소화하기 어려운 난소화성 다당류(셀룰로오스 등 식이섬유소)가 있다.

[표 2-2] 인체에 필요한 6가지 영양소 그룹

구 분	그룹명	종 류
열량소	탄수화물	포도당·전분 등
	지방	중성지방·리놀레산·리놀렌산 등
	단백질	단백질·리신·메티오닌 등 필수 아미노산 외
조절소	비타민	비타민 A·D·E·K의 지용성 비타민과 비타민 B군·C 등의 수용성 비타민
	무기질	칼슘 등 다량 무기질과 철 등의 미량무기질
	물	물

• 전분

- 식물의 주요 저장물질로서 포도당의 중합체이다. 포도당이 한 줄로 중합한 형태의 아밀로오스와 가지가 많은 아밀로펙틴 2가지가 있다.
- 입 안이나 소장에서 전분분해효소가 포도당으로 분해시킨다.
- 곡류·감자·옥수수 등의 전분질 식품에 많다.

• 글리코겐

- 동물의 간과 근육에 많이 들어 있는 저장형 다당류이다. 식물성 전분의 아밀로펙틴과 같은 구조이며 포도당으로 구성되어 있다.

• 식이섬유소

- 사람의 소화효소로 분해되지 않는 다당류이다. 셀룰로오스·헤미셀룰로오스·리그닌 등의 물에 녹지 않는 불용성 식이섬유소와 펙틴·검 등의 수용성이 있는데 주로 식물성 식품에 많이 들어 있다.

(3) 탄수화물의 체내 기능

① 에너지 생성 : 체내에서 필요한 에너지의 60~70%를 충족시킨다. 당도에 관계없이 4㎉/g의 에너지를 함유한다.

② 간에서 해독작용 : 체내에는 약 300g 정도의 당질이 간이나 근육에 글리코겐 형태로 저장되는데, 간에 글리코겐이 많이 함유될수록 유해한 물질에 대한 저항성이 커진다.

③ 체단백질의 보호작용 : 적정량의 탄수화물을 섭취해야 단백질이 분해되어 에너지원화되는 것을 막을 수 있다. 당질이 부족하면 단백질이 포도당을 합성한다. 간에서 단백질의 탈아미노 작용이 당질의 증가에 따라 감소한다. 특히 다이어트를 하려고 굶으면 체단백질 손실이 급격히 많아진다.

④ 지방의 불완전 산화방지 : 탄수화물을 적게 공급하면 지방이 분해될 때 완전히 산화되지 못해 케톤체가 몸 안에 많이 쌓여 케톤증을 야기한다.

⑤ 식이섬유소는 장 운동을 활발하게 하여 변비와 대장암을 예방한다.

⑥ 음식에 단맛과 향미를 주어 식품의 기호성을 높인다.

(4) 탄수화물과 건강

① 당뇨병 : 췌장에서 분비되는 호르몬인 인슈린이 부족하거나 작용에 문제가 생겼을 때 나타나는 만성대사질환이다. 혈액 중에는 당이 많은데도 조직 속으로 들어가지 못해 영양소 대사에 장애가 생긴다.

② 대사증후군 : 만성적인 대사장애로 내당능장애(당뇨의 전 단계 공복 혈당이 100㎎/dL보다 높은 상태, 적절한 식사요법과 운동요법으로 회복될 수 있는 상태), 고혈압·고지혈증·비만·심혈관계 죽상동맥 경화증 등 여러 가지 질환이 한꺼번에 나타나는 것을 말한다. 발병원인은 일반적으로 인슈린 저항성(insulin resistance)이라고 추정하나 확실하지는 않다. 인슈린 저항성은 비만·운동부족·유전적인 요인이 모두 관여하는 것으로 본다.

③ 유당불내증 : 성인이 우유를 마셨을 때 유당을 분해하는 락타아제의 부족으로 소장에서 유당이 소화 흡수되지 못해 나타나는 증상이다. 대장으로 간 유당이 세균에 의해 발효되면서 산과 가스를 만들어 방귀·설사·복통 증세를 나타낸다.

2) 지방

지방은 우리 체중의 약 20%를 차지하는데 생체의 중요한 성분이며 생화학적으로 영양상 중요한 물질이다. 지방은 상온에서 액상인 오일(oil)과 고상인 패트(fat)로 나누며 지질(lipid, 지방)이라고 한다.

(1) 지방의 체내 기능

① 체조직을 구성하며 조직의 활동과 성장에 필요하다. 체지방조직·세포막·호르몬·비타민D·소화액 등의 구성분이 된다.

② 중요한 에너지원으로 중성지방은 9㎉/g의 열량을 낸다. 열량소 중에서 가장 농축된 에너지원이다.

혈당지수와 혈당부하

일정한 양의 시료 탄수화물을 섭취한 후 혈당 상승 정도를 같은 양의 포도당을 섭취한 후의 혈당 상승 정도와 비교한 값을 말한다. 포도당이 기준값 100이 되는데 수치가 낮을수록 혈당 상승 속도가 늦어지는 것으로 본다.

혈당지수(Glycemic index)는 장 운동·소화 흡수·전분 종류·조리방법·분자 크기·식품이나 식사에 포함된 지방·단백질·섬유소 등이 영향을 준다. 전분 식품·파스타·전곡류·쌀·두류 등에 포함된 당은 혈당지수가 낮은 식품에 속하고, 설탕과 단당류는 혈당지수가 높은 식품에 속한다. 혈당지수가 낮은 식품은 당뇨병과 심장순환계 질병의 예방과 치료에 효과가 있는 것으로 알려져 있으므로 혈당지수가 낮은 식품을 권장한다.

혈당부하지수(Glycemic load)는 혈당지수의 한계를 보완하려고 개발한 지수이다. 혈당지수와 음식의 탄수화물양을 모두 표현한 값으로, 혈당지수를 100으로 나누고 음식의 1회 섭취량에 포함된 탄수화물양을 곱한 값이다, 즉 GL=(GI×순탄수화물양)/100

③ 지용성 비타민의 체내 흡수와 필수 지방산의 공급원이다. 지방에 녹는 지용성 비타민을 흡수하고, 리놀레산이나 리놀렌산 등의 필수 지방산을 공급하며, 호르몬 합성의 전구물질이다.

④ 체온조절과 충격으로부터 신체의 기관을 보호한다. 체지방 중 약 50%가 피하지방인데 체온을 유지시키며 주요 장기를 둘러싸고 있어 물리적인 충격을 흡수하는 완충역할을 한다.

⑤ 풍미를 향상시켜 기호성을 좋게 하며 만복감을 준다.

⑥ 유화작용을 한다. 레시틴 등의 인지질은 혈액과 체액에서 지질이 안정되게 존재할 수 있게 한다.

⑦ 다가불포화지방산의 체내 조절작용을 한다. 오메가-3, 오메가-6 계열의 다가불포화지방산은 혈액응고·혈압·면역반응·염증반응 등 여러 가지 작용을 조절한다.

(2) 지방의 종류

① 지방산 : 탄소수 4개 이상의 탄화수소 사슬로 이루어진 직선형이나 커브 형태의 화합물이다. 한쪽 말단에 친수성 카르복시 그룹(-COOH)이 있고, 반대쪽 말단에는 소수성 메틸 그룹($-CH_3$)의 공통된 구조가 있다. 탄화수소 사슬 내부에 C=C 이중결합이 있으면 불포화지방산이라 하고, 없으면 포화지방산이라 한다. 필수 지방산은 체내에서 합성되지 않으므로 식품으로 섭취해야 한다. 오메가 6계열의 리놀레산과 오메가 3계열의 리놀렌산이 여기에 속한다. 아라키돈산은 리놀레산에서 전환이 가능하다.

② 중성지방 : 보통 글리세롤 1분자에 지방산 3분자가 에스테르 결합한 것이다. 지방 중에서 자연계에 가장 많은 지방이며, 식품이나 생체를 구성하는 지방산은 95% 정도가 중성지방 형태로 있어 생체의 주요 에너지원이 된다.

③ 인지질 : 세포의 막을 구성하는 지질이다. 포스파티딜콜린(레시친)과 포스파티딜세린 등을 비롯해 다양한 종류가 있다. 양친매성 성질이 있어 유화제로 많이 이용된다. 식사에서 섭취하는 비중은 5% 정도에 불과하다.

④ 콜레스테롤 : 동물의 조직에만 있다. 일반 세포에도 분포하나 특히 뇌와 신경 조직에 많다. 우리 몸의 간과 장벽, 부신에서 하루에 800㎎ 정도 합성되며, 세포막 구성, 호르몬의 합성재료, 쓸개즙과 비타민D 합성의 전구체로 이용된다. 동물의 간·뇌·신장과 같은 기관과 육류·갑각류·달걀 등에 많다.

18 (ω 탄소) … 9 … 1 (α 탄소)

$CH_3-CH_2-CH_2-CH_2-CH_2-CH_2-CH_2-CH_2-CH_2-CH_2-CH_2-CH_2-CH_2-CH_2-CH_2-CH_2-CH_2-COOH$

포화지방산(스테아르산, C18 : 0)

ω3 탄소, ω6 탄소, ω9 탄소

$CH_3-CH_2-CH=CH-CH_2-CH=CH-CH_2-CH=CH-CH_2-CH_2-CH_2-CH_2-CH_2-CH_2-CH_2-COOH$

다가불포화지방산(리놀레산, C18 : 0, 3)

[그림 2-3] 지방산의 구조

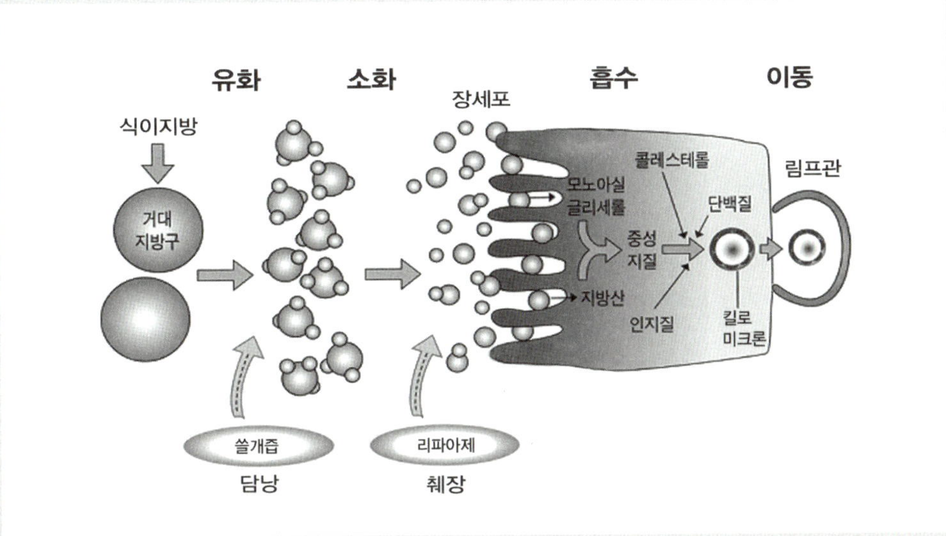

[그림 2-4] 지방의 소화 흡수

(3) 지방의 소화흡수와 대사

① 입을 통해 위로 들어온 지방은 위에서는 거의 소화되지 않는다. 지방이 소장에 이르면 쓸개에서 쓸개즙이 분비되어 지방을 유화시킨다.

② 소장과 췌장에서 분비된 리파아제는 유화된 지방을 글리세롤·유리지방산·모노글리세라이드·디글리세라이드로 가수분해한 뒤 소장세포에 흡수된다.

③ 이들을 흡수한 소장세포는 다시 중성지방을 합성하고, 글리세롤과 짧은 사슬 지방산은 직접 모세혈관으로 들어간다.

④ 이렇게 합성된 중성지방·콜레스테롤·인지질 등의 큰 분자들은 서로 뭉쳐 지단백질의 일종인 킬로미크론을 형성하고 림프관(혈액)으로 보내진다.

⑤ 이 킬로미크론은 유미관을 통해 심장 근처에 있는 흉관을 거쳐 다시 혈액으로 간다.

⑥ 지방의 운반체인 지단백질은 지질과 단백질이 혼성체를 이룬 물질로, 불용성인 지질의 혈액을 통한 운반 형태를 말하며 아래와 같은 종류가 있다.

- 카일로미크론(chylomicron) : 식이로부터 유래한 중성지질을 체내로 운반하는 형태로 소장의 흡수세포에서 합성되어 림프관으로 이동한다. 이후 체내

각 조직으로 운반되는데 이동 중에 보유 지방질을 조직으로 넘겨준다. 그리고 약 14시간 후에는 약간의 단백질과 지방 찌꺼기만 남는데, 이 찌꺼기는 간에서 분해되어 제거된다.

- 초저밀도 지단백(VLDL) : 간에서 합성되는 중성지질을 조직으로 운반하는 형태의 지단백이다.
- 저밀도 지단백(LDL) : 혈액의 VLDL에서 유래하며, 조직으로 콜레스테롤을 운반하는 역할을 한다. 동맥혈관에 축적되므로 LDL 수치가 높을수록 심혈관계 질환에 걸릴 위험도 증가하는 경향이 있다.
- 고밀도 지단백(HDL) : 대부분 간에서 합성되며 일부는 소장에서 합성되는 지단백이다. 인지질과 단백질 함량이 높고, 조직의 콜레스테롤을 간으로 운반해 분해시키고 담즙산을 합성해 체외로 배설시키는 역할을 한다. HDL 수치가 높을수록 심혈관계질환을 예방하는 효과가 있다고 알려져 있고, 심혈관계질환 예측에 LDL·HDL 비율을 활용하기도 한다. 가령 관상동맥질환 발병률은 LDL/HDL의 비율이 남자는 2.25, 여자는 2.0 이상이면 크게 증가한다.

트랜스지방이란?

불포화지방을 포화지방과 유사하게 만드는 과정에서 생기는 지방이다. 즉 식물성 기름으로 마아가린이나 쇼트닝을 만들 때나 식물성 기름을 정제하는 과정에서 주로 생긴다. 불포화형 지방이나 기하학적으로 일반적인 시스형이 아닌 트랜스형을 띤다. 모양은 불포화형이나 행동은 포화형인데 건강에는 포화형보다 더 나쁘다. LDL콜레스테롤의 양을 높이고 HDL의 양을 낮추며 심혈관계질환을 증가시킨다. 트랜스지방이 많은 지방을 식품에 사용하는 이유는 고소한 맛과 유지 특유의 향미가 강하고, 바삭바삭한 조직감과 기름을 오래 사용하기 위해서이다. 트랜스지방이 많은 동물성 식품은 샐러드 드레싱·쇼트닝·마아가린·감자튀김·케이크·크래커·쿠키·파이·빵 등이다.

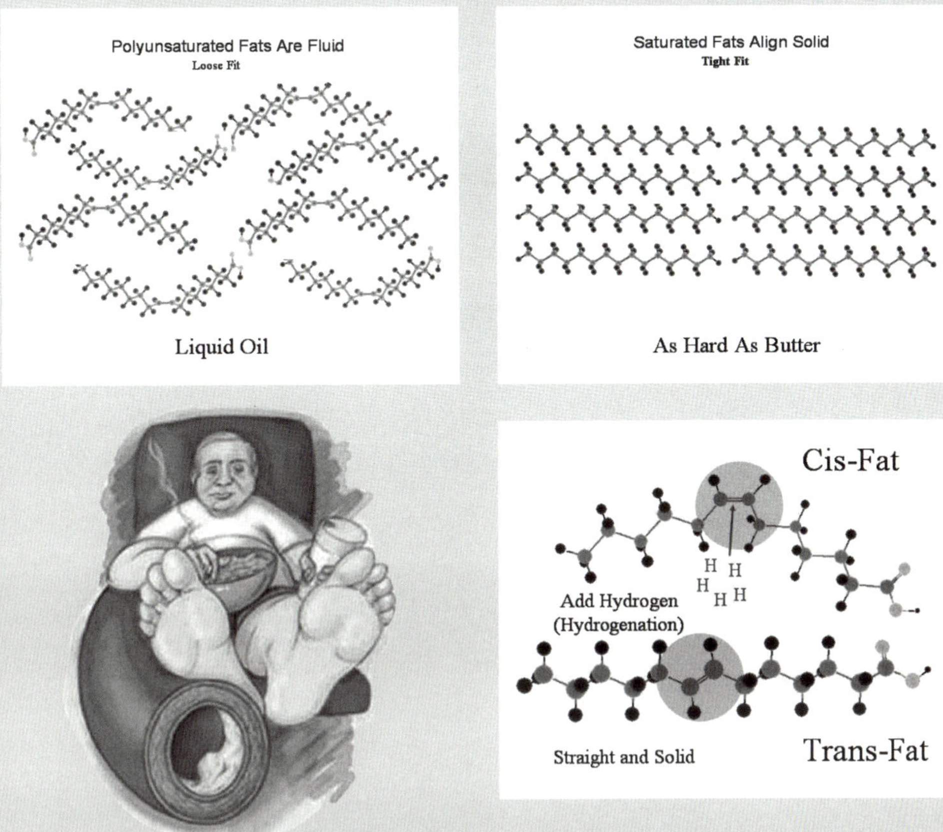

[그림 2-5] 트랜스지방의 구조

(4) 지방과 건강

① 필수 지방산의 결핍 : 필수 지방산은 세포막을 구성하는 인지질의 구성요소이면서 뇌성분의 중요한 요소이기도 하다. 필수 지방산이 결핍되면 피부염, 성장장애, 생식기능장애, 호흡기관 감염, 신장과 간 질환 유발, 두뇌작용 이상, 면역체계 이상 등이 발생한다.

② 오메가-3 지방산과 건강 : 리놀렌산·EPA·DHA 등이 대표적인 오메가-3 지방산인데 심장병이나 암 예방에 좋을 뿐만 아니라 어린이의 두뇌발달과 관련있음이 보고된 후 관심의 대상이 되었다. 그 외에 노화·알러지·알츠하이머·협심증·천식·동맥경화·아토피·주의력결핍장애·자폐증 등도 오메가-3 지방산의 결핍과 관련이 있다고 보고되었다. 오메가-6과 오메가-3 지방산은 프로스

타글란딘·트롬복산·루코트리엔 같은 아이코사노이드를 만드는 원료이다. 오메가-6과 오메가-3은 4~10 : 1 정도로 먹는 것이 좋다.

3) 단백질

protein(단백질)은 인체에 필요한 영양소 중에서 으뜸이라는 뜻이 있다. 단백질은 크게 섬유상 단백질과 구상 단백질로 나눈다. 섬유상 단백질은 불용성으로 뼈·결합조직·모발·손톱 등과 같은 구조물질이나 보호물질을 이루는데 기여한다. 그리고 구상 단백질은 수용성으로 생체반응을 촉진하는 효소 외에 다양한 기능을 하는 단백질로 구성되어 있다.

(1) 단백질의 체내 기능

① 뼈와 근육 대부분을 구성 : 결합조직·인대·모발·손톱·발톱·치아 등

② 생명활동 조절과 항상성 유지 : 호르몬

③ 생화학 반응속도를 증가시키는 촉매역할 : 효소

④ 질병 방어 : 항체, 혈액응고 단백질

⑤ 산소와 영양소 운반 : 헤모글로빈

⑥ 수분과 산염기 평형 유지로 부종방지와 완충작용 : 혈청단백질

⑦ 단백질은 1그램당 4㎉의 에너지를 만들며, 포도당이 부족하면 근육의 단백질이 분해되어 당신생합성을 통해 뇌와 적혈구에 포도당을 공급한다.

(2) 아미노산

단백질을 구성하는 표준 아미노산의 수는 20종이다. 이 중에서 체내에서 합성되는 것 10종을 비필수 아미노산이라 하고, 식품으로만 보충할 수 있는 10종을 필수 아미노산이라고 한다. 필수 아미노산은 식품으로 섭취해야 하는데 좋은 단백질은 이 필수 아미노산을 골고루 충분히 포함한 것을 말한다.

- 필수 아미노산 : 페닐알라닌·트립토판·발린·루신·이소루신·메티오닌·트레오닌·라이신(히스티딘과 아르기닌은 어린이에게만 필수)

(3) 단백질과 건강

① 양질의 단백질 급원 : 단백질을 구성하는 아미노산 조성에 필수 아미노산을 골고루 충분히 갖고 있어 섭취하면 체성장과 생리적 기능을 정상적으로 유지시켜 줄 수 있는 식품을 말한다. 주로 젤라틴을 제외한 동물성 단백질이 여기에 속하며, 식물성 중에서는 대두가 여기에 속한다. 밀이나 보리의 단백질은 필수 아미노산의 일부가 부족해 다른 식품으로 아미노산을 보충해야 한다. 젤라틴이나 옥수수는 필수 단백질의 함량이 매우 낮다.

② 단백질의 소화와 흡수 : 단백질은 위에서 펩신이 분해시키고 염산이 변성시킨다. 소장에 이르면 췌장에서 분비되는 여러 가지 단백질 분해효소들이 디펩티드로로 분해시키고, 이들이 소장의 점막에 흡수된 후 아미노펩티다제와 디

마라스무스와 콰시어커

마라스무스(Marasmus)는 에너지와 단백질 결핍으로 심한 단백질·에너지 영양불량. 영아의 발육이 상당히 저하되고, 체조직이 파괴되어 식사량을 늘려도 체중이 증가하지 않고 오히려 감소해 기이한 반응을 보이며 눈에 띄게 마르는 상태를 말한다.

콰시어커(Kwashiokor)는 "둘째 아이가 태어날 때 큰 아이가 걸리는 병"이라는 뜻의 가나어에서 유래한 병명이다. 곡류와 감자 등으로 에너지는 어느 정도 섭취하나 단백질이 부족해 발생하는 영양불량 상태이다. 아프리카 원주민 중에서 특히 1~4세의 소아에게서 볼 수 있다. 증세는 현저하게 낮은 알부민혈증·빈혈·부종·복수로 나타난다. 키가 자라지 않으면서 머리와 배만 커지고, 팔·다리의 살이 많이 빠져 앉지도 걷지도 못하고, 간에는 지방이 생기며 간세포가 죽고, 섬유조직이 증식해서 기능을 못하게 된다. 또 머리카락이 주황색으로 변하고, 피부염·소화 흡수 장애·신경계 장애 등이 나타난다. 더 악화되면 부종이 생기고 사망에 이른다. 그러나 아무리 증세가 심해도 단백질을 공급하면 완치할 수 있다. 주로 분유·우유·두유·대두분·생선가루 등을 먹이는데 아무리 심한 경우라도 2~3주가 지나면 완전히 회복된다.

펩티다제가 작용해 아미노산으로 분해된다. 이 아미노산들은 모세혈관을 통해 흡수된 후 문맥을 거쳐 간으로 운반되어 일부는 혈청단백을 합성하고 일부는 유리아미노산으로 저장된다. 나머지는 혈액을 통해 각 조직으로 간다.

③ 단백질의 결핍증 : 단백질은 생산비가 가장 많이 드는 영양소로, 저개발국과 개발도상국 국민들은 에너지와 단백질 섭취가 부족해 단백질-에너지 영양불량(protein-energy malnutrition, PEM) 증상이 나타나기 쉽다. PEM에는 너무 적은 단백질 공급과 미네랄·비타민 등의 만성적인 영양 부족과 에너지 부족에서 비롯되는 마라스무스와 콰시어커가 있다.

④ 단백질의 보충 효과 : 비록 질이 낮은 단백질이라도 여러 종류를 섞어 먹거나 질이 좋은 것과 같이 먹으면 부족한 아미노산을 보충해 질을 높이는 효과를 말한다. 빵과 우유·콩밥·밥과 나물 등의 조합이 좋은 예이다.

⑤ 양질의 단백질 섭취가 필요한 경우 : 일생에 걸쳐 양질의 영양소를 충분히 공급하는 것이 매우 중요하다. 특히 단백질의 필요량이 높은 시기는 성장기 어린이·임신부·수유부·회복기 환자 등이다. 소화능력이 약해 많이 먹을 수 없는 노약자도 양질의 단백질을 섭취해야 한다.

단백질의 과다섭취

양질의 단백질을 충분히 먹는 것은 건강한 신체를 유지하는 데 매우 중요하다. 그러나 소요량 이상으로 섭취한 단백질은 체내에 저장되지 못하고 분해되어 에너지원으로 이용되거나 체지방으로 바뀌어 몸에 축적된다. 또 필요 이상을 장기간 섭취하면 간·심장·신장에 부담을 주어 약화시키고, 단백질의 분해로 요산이나 인산을 많이 만들어 체액을 산성화시키며, 통풍이나 골다공증의 원인이 되기도 한다. 보디빌딩 등 근육을 키우는 운동을 하는 사람들은 일반인보다 단백질을 2~3배 이상 섭취하는 경우가 많은데, 신체의 소요량을 고려해 적정량을 먹어야 신체에 무리가 가지 않는다.

section 3

조절소

1. 비타민

1912년 Funk에 의해 동물의 생명에 필수적인 아민화합물이 있음이 밝혀졌다. vital-amine이라는 뜻으로 vitamine으로 사용하다가 아민이 아닌 비타민의 존재가 알려지면서 vitamin으로 바뀌어 사용한다.

비타민은 우리 몸에서 합성되지 못하나 대사작용에 반드시 필요한 화합물로, 다양한 대사과정에서 효소의 보조역할을 하는 등 중요한 작용을 한다. 비타민은 보통 다양한 식품에 소량씩 함유되어 있으므로 식품을 골고루 섭취해야 할 필요성을 일깨우는 영양소이기도 하다. 신체의 정상적인 성장, 발달과 건강유지에 필수적이며 다음과 같은 특징이 있다.

① 체내에서 합성되지 않으므로 음식물로 섭취해야 한다.

② 열이나 빛에 쉽게 파괴되거나 제거될 수 있다.

③ 부족하면 여러 가지 결핍증이 생기고, 일부는 많이 먹으면 과잉증이 따른다.

④ 한 가지 식품에 모든 비타민이 들어 있는 경우는 없으므로 여러 가지 식품을 골고루 먹어야 필요한 비타민을 보충할 수 있다.

⑤ 과일이나 채소는 비타민이 풍부한 식품이나 신선도가 떨어지면 비타민 함량도 떨어진다.

⑥ 비타민 제제로 먹는 것보다 다양한 천연식품을 먹어 보충하는 것이 좋다.

1) 지용성 비타민

지용성 비타민의 섭취나 대사는 음식으로 섭취하는 지방의 양이나 종류에 따라 다르고, 지방대사와도 밀접한 관계가 있다. 대개 지방을 먹을 때 함께 섭취되므로 지방의 소화와 흡수가 원활하지 못하면 지용성 비타민 흡수도 어려워진다. 그러나 과잉섭취하면 주로 간에 저장되고, 급성이나 만성 중독증을 나타낼 수도 있다.

(1) 비타민A

① 우리나라 사람들에게 부족하기 쉬운 영양소 중의 하나이다. 어류의 간이나 동물성 식품에 많고, 시금치나 당근 등의 녹황색 채소에도 많이 들어 있다.

② 레티놀·레티날·레티노산 3가지가 있다.

③ 식물에는 노란색이나 붉은색 성분인 카로티노이드(β-카로틴) 형태로 있고, 1분자의 β-카로틴은 체내에서 2분자의 비타민A로 바뀐다.

④ 결핍증이 심하면 야맹증과 시력저하가 따르고, 경미하면 안구건조증이 나타난다.

[표 3-1] 비타민의 종류와 구분

	지용성	수용성
종류	비타민 A·D·E·K	비타민B군(B_1, B_2, B_6, B_{12}, 나이아신, 엽산, 판토텐산, 비오틴), 비타민C
성질	물에 안 녹고 지방에 녹음, 과잉 시 몸에 축적됨	물에 녹음, 남는 것은 소변으로 배설

⑤ 과잉증에는 두통·구토·설사·피로·황달 등의 급성과잉증이 있고, 탈모증·간장비대·골관절 통증과 같은 만성과잉증이 있다.

⑥ 우리나라에서는 노인과 같은 일부 연령층에서 섭취량이 충분하지 못한 것으로 조사되어 있다.

⑦ 주요기능은 시각, 상피조직 유지, 세포분화, 뼈의 재생증진, 면역작용 증진, β-카로틴은 항산화제로 심장질환, 항암작용이 있다.

(2) 비타민D

① 자외선의 촉매작용으로 피부 하부에서 콜레스테롤로부터 합성되는데 하루에 20~30분 정도의 햇볕을 쬐는 것으로 충분하다.

② 햇빛을 충분히 받지 못하는 환경에서는 식품으로 섭취해야 한다. 비타민D를 많이 함유한 식품은 흔하지 않으나 간유와 표고버섯에 많이 들어 있다.

③ 체내의 칼슘대사 조절자이다. 작용기 전이 스테로이드 호르몬과 비슷해 프로호르몬으로 분류되기도 한다.

④ 뼈에 칼슘과 인이 충분히 축적되지 못하면 뼈가 약해지고 압력을 받으면 뼈가 휘어진다. 이런 현상이 어린이에게 발생하면 구루병이라 하는데 비타민D는 항구루병 인자이다.

⑤ 비타민D를 장기간 많이 복용하면 혈청에 칼슘농도가 지나치게 높아지는 고칼슘혈증·신장·심장·폐·혈관계 등의 체내 연조직에 칼슘이 쌓여 신장이나 심혈관계가 손상되고 고칼슘뇨증이나 신장결석 등이 발생할 수 있다. 그리고 어린이가 너무 많이 먹으면 성장이 저해될 수도 있다. 햇볕을 많이 쬔다고 과잉량의 비타민D가 합성되지는 않는다.

⑥ 비타민D의 기능

- 소장에서 칼슘 흡수를 촉진시킨다.
- 칼슘과 인이 신장에서 재흡수되는 것을 도와 뼈에 무기질을 축적시키고 석회화시킨다.

- 부갑상선 호르몬과 혈장의 칼슘 항상성을 유지시키며 뼈의 대사를 도와준다.
- 칼슘이온의 유출로 조절되는 세포나 신경의 기능을 유지시키는 작용을 한다.
- 혈액응고에 작용한다.

⑦ 구루병과 골다공증 : 구루병은 어린이에게 나타나는 아동성 골연화증을 말하는데, 성인이 골연화증에 걸리면 골반이나 갈비뼈가 쉽게 부러진다. 골연화증은 햇빛을 충분히 받지 못하거나 부적절한 식사를 하는 임신부나 다산한 여자에게 발생하며, 간이나 신장 기능장애로 비타민D가 활성화되지 못해서 발생할 수도 있다. 중년 이후에 나타나는 골 질량의 감소는 남녀 모두에게서 볼 수 있지만 골다공증은 특히 여자에게 많이 생긴다. 폐경기 이후에 에스트로겐이 분비되지 않으면 신장에서 1,25-(OH)-비타민D가 생성되지 않아 칼슘 흡수율이 떨어지고 혈청칼슘 농도가 감소된다. 혈청칼슘 농도가 감소되면 부갑상선 호르몬 분비를 자극해 뼈에서 칼슘이 빠져나오므로 뼈가 약해진다.

(3) 비타민E

① 생물학적 활성이 다른 8개의 천연화합물이 있는데 이 중에서 a-토코페롤의 활성이 가장 강력하다.

② 대표적인 체내 항산화 물질로 세포막 지질이 산화되거나 파괴되는 것을 예방하고, 비타민A가 산화되는 것을 막아준다.

③ 식품을 가공할 때 항산화제로 첨가하는 경우가 많다.

④ 기능은 항산화, 노화지연, 암 예방, 용혈성 빈혈 방지, 심혈관질환 예방, 신경과 근육의 기능을 유지시켜 준다.

⑤ 너무 많이 섭취하면 혈액의 응고가 지연된다.

⑥ 식물성 기름·배아 밀·견과류·녹황색 채소·마가린·쇼트닝 등에 많다.

(4) 비타민K

① 혈액응고에 작용하는 프로트롬빈의 합성에 필요한 비타민이다. 여러 가지 식품에 많이 들어 있고, 장내 세균이 많이 합성시켜 결핍증이 흔하지는 않다.

[표 3-2] 지용성 비타민

	기 능	결핍증	과잉증	급원 식품
A	정상 성장 발달 촉진, 시각기능, 세포분화에 관여, 항산화작용, 배아의 발달	눈부심, 안구건조증, 야맹증, 피부점막 각질화, 성장부진, 면역기능약화, 성기능 장애	급성 : 오심, 구토, 현기증, 시력 불선명, 근육기능 조정 불량 등 영아 : 천문의 융기 만성 : 두통, 탈모증, 입술 갈라짐, 피부 건조 및 가려움증, 간장비대, 골관절 통증	동물의 간, 어유, 난황, 분유, 호박, 녹황색 채소, 해조류
D	정상성장 발달 촉진, 체내 칼슘과 무기질 균형 유지, 뼈에 칼슘 축적, 일부세포의 증식과 분화 조절	구루병, 골연화증 골다공증	고칼슘혈증 및 고칼슘뇨증 신장 심혈관계의 손상, 신장결석, 구토감, 허약감, 변비 흥분 등 아동의 성장장애	이스트, 생선 간유, 정어리, 참치, 난황, 버터 등에 소량 함유
E	항산화제, 비타민A의 흡수촉진, 면역기능 유지, 용혈억제, 심혈관계질환 예방, 신경근육계 보존	영유아 : 대적혈구성빈혈 신생아 : 용혈성빈혈	거의 무독성이나 비타민 A와 K의 흡수 방해	식물성 기름, 밀의 배아, 땅콩, 호두, 아스파라거스, 녹색 채소, 마가린, 난황, 간, 우유
K	프로트롬빈 합성, 혈액응고, 골다공증 예방	혈액응고 지연	거의 무독성, 합성 비타민K는 영아에게 황달, 출혈성 빈혈 등을 나타낼 수 있음	간, 토마토, 시금치, 브로콜리 등의 녹색 채소, 콩류, 대두유, 면실유

② 기능은 간에서 혈액응고 인자의 합성에 관여한다. 간기능이 정상적이지 못하면 비타민K의 흡수가 저해될 뿐만 아니라 혈액응고 인자가 활성화되지 못해 비타민K의 작용이 떨어진다.

③ 뼈의 단백질 합성에 관여하며 칼슘이 소변으로 배설되는 것을 줄여준다.

④ 간·녹황색 채소·곡류·과일 등에 들어 있다.

⑤ 비타민E를 과량 섭취하면 비타민 A와 K의 흡수를 방해할 수 있다. 토코페롤을 하루에 1,200㎎이 넘게 먹으면 비타민K의 대사를 저해하여 쿠마린 같은 항응고제의 효과를 배가시킬 수 있다. 비타민K는 지용성 비타민이지만 빨리 배설되어 거의 독성을 보이지 않으나 영아가 합성 비타민K 제제를 과량 복용하면 황달이나 출혈성 빈혈 같은 독성을 나타낼 수 있다.

2) 수용성비타민

수용성비타민에는 비타민 B군과 비타민 C가 있다. 비타민 B군은 서로 기능이 유사한 여러 가지 수용성 비타민을 한 부류로 묶은 것으로 총 8종이 알려져 있다.

(1) 비타민B_1(티아민)

백색 결정형 물질로 짭짤하며 구수한 독특한 맛을 낸다. 물에 잘 녹고 열에 약하다. 당질대사에 필수적인 영양소이며 당질 이화과정에서 생성되는 피루브산이 산화되어 구연산 회로를 통해 완전히 산화되는 데 필요하다. 티아민이 결핍되면 피루브산이 산화되지 않은 채 혈액에 쌓여 신경·뇌·심장 등에 해를 끼친다. 특히 뇌에서 아세틸콜린이 감소하거나 신경세포막 구조에 변화를 가져와 각기병·신경장애·다발성 신경염을 일으킬 수 있다.

비타민B_1·B_2·나이아신은 모두 에너지 대사과정에서 산화·환원 반응에 관여해 열량 섭취량이 증가함에 따라 이 비타민들의 필요량도 증가한다. 우리나라 사람들은 백미를 좋아하는 식습관 때문에 티아민 섭취량이 다소 부족한 편이다. 티아민이 부족해 건성각기가 발생하면 말초신경 장애로 인해 다발성 신경염이 생겨 다리가 아프고 약해지며 퇴화되어 균형있게 움직일 수가 없게 된다. 습성각기는 심장의 기

[표 3-3] 수용성 비타민의 요약

비타민B군	체내 기능	결핍증	주의할 점
티아민(B_1)	당질대사에 작용, 소화기능 유지	습성각기 : 심장 확대, 부종 건성각기 : 말초 신경마비, 정신적 혼란	채소 삶을 때 50% 정도 손실, 육류의 조리 시 20~30% 정도 파괴됨, 곡류·배아·돼지고기에 많음
리보플라빈	단백질 에너지 대사, 구강·코·귀의 열상방지	눈이 빛에 예민해짐, 성장부진, 구순구각염	광선에 의해 쉽게 파괴됨(우유나 유제품은 불투과성 재질용기에 저장), 우유·고기류·채소에 많음
나이아신	에너지대사에 관여, 지방합성에 관여	펠라그라(피부염·설사·정신혼란증 동반함),식욕부진, 짜증, 허약감, 어지러움 등	아미노산인 트립토판으로부터 바뀌기도 함. 너무 많이 섭취하면 피부발진·십이지장궤양·간 이상 초래. 우유·곡류에 많음
비타민B_6	단백질 분해 및 합성대사에 필요	피부염, 설염, 우울증, 정신혼란, 경련	질이 좋지 않은 식사 계속 시, 알코올 과음 또는 중독 시, 식사내용이 불량한 노인들에게서 부족하기 쉽다. 식품에 널리 분포
엽산	핵산합성, 세포분열, 적혈구형성에 필요	거대적 아구성 빈혈(악성빈혈)	임신 이전이나 임신 초기의 부족은 기형아 발생위험 증가. 콩·녹황색 채소·곡류·배아 식품에 많음
비타민B_{12}	핵산, 핵단백질 합성, 적혈구형성	거대적 아구성 빈혈과 신경세포 퇴화현상	위와 장 질환이 있을 때, 노인기의 위축성 위염, 채식주의자들이 부족하기 쉽다. 육류, 간에 있으며 식물성 식품에는 없음
판토텐산	조효소A의 구성, 당질·질·단백질 대사 관여	피로, 손발의 감각이상	각종 식품에 널리 분포되어 있어 부족증이 드묾
비오틴	지방·단백질·글리코겐 합성에 관여	거의 없음	각종 식품에 널리 분포되어 있어 부족증 드묾
비타민C	아미노산대사에 관여, 치아골격형성, 상처회복, 모세혈관보호, 교원질합성, 세포 손상 방지, 흡수 도움, 산화작용, 면역력 강화	괴혈병·빈혈에 대한 저항력감소	감귤류·딸기·양배추·토마토·양배추·시금치·풋고추·열무 등 과일 야채에 풍부

비타민C의 과량섭취

최근 비타민에 대한 관심이 높아지면서 비타민C를 하루 권장량보다 훨씬 많이 섭취하는 사람들이 있다. 비타민C를 많이 섭취해 면역력을 높이고 감기나 백내장 등의 질환을 예방할 수 있다는 것이다. 심지어 만병통치약처럼 여기는 사람들도 있는데 이 정도면 비타민 신도라고 할만하나 과량섭취의 입증된 효과는 그다지 뚜렷하지 않다.

하루에 1000㎎은 권장량에 비해 과다하지만 수용성이기 때문에 체내에서 필요한 만큼만 사용하고 나머지는 대개 소변으로 배설된다. 그러나 하루 2000㎎까지는 크게 걱정할 정도는 아니다. 비타민C의 과량복용 시 수분의 섭취가 부족하면 신장결석을 일으킬 수 있고 신장에 부담이 되므로 신장기능이 약한 경우에는 주의해야 한다. 구역·구토·설사 등을 일으킬 수 있으며 다량복용으로 관절염을 악화시킨다는 보고도 있다.

능이 약해지고 심부전을 일으킬 수 있다.

보통 각기병은 서서히 진행되며 그 증세는 피로·권태·식욕부진·낮잠·변비·하지전면과 하복부의 지각마비·혈압하강·부정맥·심장비대 등이며 중증에서는 근육마비로 보행이 불가능하다. 노인이나 알코올 중독자, 마그네슘·칼슘·비타민 B_6·비타민 B_{12}·엽산이 결핍되면 티아민 결핍증이 쉽게 나타난다.

(2) 비타민B_2(리보플라빈)

황색 결정으로 쓴맛을 내고, 물에 약간 녹는데 수용액은 황록색을 띤다. 산·산소·열에는 강하나 알칼리에는 약하고 수용액은 빛에 쉽게 분해된다. 기능은 세포의 호흡작용에 관여하는 중요한 보조효소인 FAD·FMN의 구성분이 되며 골수에서 적혈구 생성, 글리코겐 합성, 지방산의 이화작용 및 효소의 기능을 원활하게 하며 비타민B_6를 활성화시키기도 한다. 결핍증에는 결막염·지루성 피부염·구각염·설염·눈부심 등이 있고, 어린이가 부족증이 길어지면 성장이 지연된다.

(3) 나이아신(nicotinic acid)

항페라그라 인자이며 무색 결정형 물질이다. 공기·열·산·알칼리·광선에 안정적이다. 산화환원효소의 조효소인 NAD·NADP의 구성분이며 세포에서 호흡작용을 왕성하게 하고 지방산 등을 합성하는데도 필요하다. 결핍증은 초기증상으로 체중과 식욕감소를 나타내며 장기적으로 계속되면 페라그라라는 얼굴이나 손 등 노출된 부위에 피부병이 생기고, 불안이나 우울증 같은 정신적인 변화를 일으키기도 한다.

(4) 비타민B_{12}

적색 결정형 물질이며 중성은 열에 안정적이나 강산·알칼리·광선에는 약하다. 악성빈혈을 치료하는 데 좋고, 장내 세균이 합성시킨다. 기능은 조혈작용, 탄수화물·단백질·지방·핵산·엽산의 대사와 연관이 있다. 세포 중에서도 특히 골수·신경계통·위장관의 정상적인 기능에도 관여한다. 결핍되면 혀 갈라짐·무월경·척추뼈 변질 등이 생기고 악성빈혈을 초래한다.

(5) 엽산(folic acid)

황색 결정형 물질이며 산성용액에서는 쉽게 파괴되고 광선에 약하다. 생리적 기능은 핵단백질 합성, 골수에서 적혈구 생성 등의 조혈기능을 한다. 부족하면 핵산합성저하, 거대혈구성빈혈, 백혈구 감소증 등이 생긴다. 임신부·알코올 과음자·간질환

천연비타민과 합성비타민

시중에서 '천연비타민'이라는 이름으로 일반 비타민제보다 훨씬 비싸게 파는 경우가 있다. KFDA의 건강기능식품 표시기준에 따르면 '천연'이라는 표시는 '어떤 인공적인 첨가물이나 합성해서 만든 물질이 포함되어 있지 않은 것'을 말한다. 따라서 일반적으로 판매하는 어떤 비타민도 천연비타민이라고 표기할 수 없다. 고로 천연원료비타민이라는 문구를 쓴다. 천연비타민을 먹으려면 과일이나 채소 같은 식품을 먹어야 한다. 이 경우 합성비타민보다 좋은 효과를 얻는다는 보고가 다수 있다. 그러나 비타민 자체를 본다면 천연이나 합성이나 완전히 같은 물질이다. 천연비타민이라고 해서 합성보다 효능이 우수한 것이 아니다. 이것은 천연비타민이 많이 들어 있는 식품을 먹는 것과는 다르다는 의미이다.

자·신장투석환자·빈혈환자 등은 정상인보다 많은 양이 필요하다.

(6) 판토테인산

세포에서 코엔자임A를 구성하며 당질·지질·단백질 대사에 관여한다. 부족하면 식욕부진·소화불량·말초신경염·우울증·정신이상·대사이상·불면증 등이 나타난다. 장내 세균이 합성시키기도 한다.

(7) 비오틴

열이나 공기에 불안정하다. 보조효소로 지방·단백질·글리코겐 대사에 관여한다. 난백의 아비딘이라는 당단백질과 강하게 결합해서 불활성화된다.

(8) 비타민C(아스코르빈산 ascorbic acid)

백색 결정체이다. 건조상태에서는 안정적이나 수용액은 산화·열·광선·알칼리·구리나 철 같은 금속에 쉽게 파괴된다. 제철 과일과 채소에 많이 들어 있는데 특히 딸기·감귤·오렌지주스·토마토·감자·배추·시금치·양상추 등에 많다.

① 식품을 냉장저장하면 손실되는 속도를 줄일 수 있다.
② 항산화제나 콜라겐 합성 등을 한다.
③ 골수에서 엽산과 상호작용하여 적혈구를 생성한다.
④ 위장관에서 철의 흡수를 돕는다.
⑤ 부족하면 여러 질병에 쉽게 감염되며 연골·뼈·결합조직 등에서 교원질의 형성에 관여하므로 부족하면 상처나 골절이 잘 낫지 않는다.

2. 무기질

우리의 몸은 30여 종의 원소로 구성되어 있는데 이 중에서 24종은 생명에 필수적이다. 이들 원소 중 비금속 원소로서 산소 65%, 탄소 18%, 수소 10%, 질소 3%가 체중의 96% 정도를 차지하고 나머지 4% 정도는 무기질이 차지한다. 무기질은 열량소

[표 3-4] 다량 무기질

종 류	주요 기능	결핍증	과잉증	급원 식품
칼슘	뼈·치아 형성, 혈액 응고, 신경 전달, 근육 수축, 세포대사	구루병, 골다공증, 성장 위축	신장결석	우유, 치즈, 어포, 사골, 호두, 양배추 등 녹색 채소, 강화식품
인	뼈·치아 형성, 산-염기 평형, 에너지 대사 관여	식욕부진, 칼슘 손실, 근육 약화, 부갑상선 기능 감퇴	골격손실 (신부전증의 경우)	대부분의 식품에 많음, 탄산음료, 육가공품
마그네슘	골격·치아 구성, 신경과 근육에 자극 전달, 근수축, 단백질 합성	허약, 근육통, 심장기능 약화, 경련, 언어장애, 신경장애, tetany	허약증세 (신장 기능 이상일 때)	고기, 우유, 전곡류, 녹황색 채소, 견과류, 초콜릿, 콩류
나트륨	세포외액 구성, 신경 자극 전달, 삼투압 조절, 산염기 평형	근육경련, 식욕감퇴	고혈압, 뇨중 칼슘손실	각종 가공식품, 베이킹파우더, 화학조미료, 육류
포타슘	세포내액 구성, 단백질 합성 관여	근육경련, 식욕감퇴, 불규칙한 심장박동	심장박동이 느려짐 (신장기능 이상일 때)	채소, 과일류, 육류, 우유, 두류
염소	신경자극 전달, 위액 형성	혼수상태(유아의 경우)	고혈압(취약군의경우)	식탁염, 가공식품

들과는 달리 에너지를 낼 수 없고 가열로 파괴되지 않으나 물에 녹아 조리 중에 손실될 수 있다. 무기질은 생물학적 반응의 촉매나 보조인자로 작용하며, 삼투압 유지 등 체내의 생리기능 조절, 골격구조의 형성과 유지 등에 이용된다. 인체의 필요량에 따라 다량원소와 미량원소로 나눌 수 있다.

[표 3-5] 미량 무기질

종 류	주요 기능	결핍증	과잉증	급원 식품
철분	헤모글로빈의 성분, 에너지 대사 효소의 구성 성분, 면역 기능	철분 결핍성 빈혈, 허약, 면역 저하	혈색소증	육류·간 등 동물성 식품(흡수 잘됨), 콩류, 강화 시리얼, 귤, 팥, 녹색 채소(흡수 잘 안됨)
아연	효소의 성분, 핵산 합성 관여(성장, 면역 유지)생체막 구조와 기능 유지	성장저해, 왜소증, 상처 회복지연, 미각 감퇴	설사, 구토, 면역·기능 저하	식품에 널리 분포, 패류, 육류, 우유, 요구르트
요오드	갑상선 호르몬의 성분, 기초대사율	갑상선 기능 부전증, 갑상선종, 크레틴종	갑상선 기능 항진증	해조류, 요오드 강화 식염
불소	골격 형성, 충치 예방, 골다공증 방지	충치유발, 골다공증	불소증, 위장장애, 치아에 반점	해조류, 불소 첨가 음료, 어류
셀레늄	항산화 작용, 세포막 유지	매우 드물지만 부족하면 근육약화, 성장장애	구토, 설사	해조류, 어류, 고기류, 견과류, 통밀

① 다량 원소 : 하루에 100㎎ 이상 필요한 무기질로 칼슘·인·마그네슘·소디움·포타슘·염소·황이 여기에 해당한다.

② 미량 원소 : 체내에 있는 전체 무기질 중에서 1% 이하에 속하지만 생명을 유지하는 데 필수적인 영양소로 철·아연·불소·요오드·셀레늄 등을 말한다.

③ 중독 무기질 : 납·구리·셀레늄·불소·몰리브덴·비소·크롬·수은·카드뮴 등을 말한다.

무기질은 단일원소이므로 따로 소화되는 과정은 없으나 쉽게 흡수시키려고 분리하는 과정이 필요하다. 무기질의 장내 흡수는 식품에 함유된 양뿐만 아니라 생체 이용률에 의해 체내로 흡수되고 이용되는 정도가 다르다.

1) 칼슘

인체에 가장 많은 무기질로 성인 체중의 약 2%를 차지한다. 이 중에서 99%는 골격이나 치아에 있고 1% 정도가 혈액·근육·신경세포 등에 있으면서 생리적인 기능을 조절한다. 조직의 생리적 기능은 심장과 골격근의 활동과 신경의 자극, 감수성 유지, 혈액응고, 체액교환, 근육탄성 유지, 산화과정, 산-알칼리 평형유지 등 다양하다. 칼슘이 부족하면 구루병·골연화증·골다공증이 발생할 수 있고, 혈액에 칼슘이 부족하면 근육경련을 일으킬 수 있다.

칼슘제제

칼슘이 체내에서 흡수될 때는 식품의 칼슘 함량뿐 아니라 비타민D를 비롯해 음식물에 있는 여러 성분의 영향을 받는다. 식품 중에 칼슘 흡수율은 유제품 50%>잔생선 30%>푸른 채소 18% 순으로 좋다. 흡수를 촉진하는 형태로 제조하지 않은 무기칼슘 제제들은 일반적으로 흡수율이 매우 낮다.

2) 인

칼슘과 함께 뼈와 치아의 주성분이며 근육·뇌·신경·간·폐·체액 등 여러 조직에도 포함되며 체중의 약 1%를 차지한다. 당질과 지질 대사 등에서 중요한 생리작용을 한다. 약 80%는 칼슘·마그네슘과 함께 뼈와 치아에 있고, 나머지는 근육이나 뇌 등의 장기에 들어 있다.

생리적 기능으로는 핵산을 구성하고 고에너지 인산화합물로서 체내 에너지 대사에 관여, 뼈와 치아를 구성한다. 세포액에서 완충작용을 하며 인지질로 세포막을 구성한다. 특히 뇌와 신경세포의 기능을 유지하는 데 중요하다. 식사로 섭취하는 양은 하루에 1.2~1.3g 정도이고, 칼슘과의 비율은 1 : 1~2(Ca : P)가 적당하다.

3) 나트륨

성인 남자의 체내에 약 100g 정도 있는데 주로 혈액과 세포 외액에 많이 있다. 세포와 조직에서 삼투압 조절, 산-염기 평형유지, 근육의 수축과 이완에 작용한다. 체내 나트륨양은 신장에 의해 거의 일정하게 유지되며 체내 나트륨양이 증가하면 체액량도 많아져 부종이 생긴다. 나트륨을 과잉섭취하면 고혈압·신장병·심장질환 등에 악영향을 주고, 부족하면 권태감·현기증·무기력증 등 육체의 기능이 많이 감퇴된다.

4) 마그네슘

성인의 체내에 약 22~28g 정도 있는데 이 중에서 약 70%는 치아와 뼈에 들어 있고, 약 27%는 신경과 근육에 들어 있다. 생리적으로는 골격과 치아 형성, 신경흥분 억제, 효소반응 촉매 기능을 한다.

5) 칼륨

칼륨은 주로 세포 내액에 분포하며 나트륨보다 2배 정도 많이 들어 있다. 생리적으로는 삼투압 조절, 산-염기 평형, 근육 수축과 이완 등의 기능을 한다. 부족하면 발육부진, 심장기능 약화, 소화기관 이상 등을 일으킬 수 있다.

방사능과 요오드, 그리고 천일염

2011년 일본 후쿠시마 원전사고 때 우리나라에서도 방사능 해독에 효능이 있다고 알려진 요오드 제제를 비롯해 천일염·미역·다시마 등의 판매가 급등했다. 일반 요오드가 사고로 누출된 방사능 요오드를 갑상선에 축적되는 것을 막는 기능이 있어 피폭 시에 요오드를 치료제로 사용하기도 한다. 그러나 필요 이상으로 요오드를 섭취하면 갑상선호르몬의 생산이나 분비가 억제되는 경향이 있다. 갑상선 기능저하증 환자는 면역계가 갑상선 조직을 이물질이나 타인의 조직으로 인식시켜 자가면역성 갑상선질환을 일으킬 수도 있다. 피폭을 우려해 요오드를 지나치게 복용한다는 것은 결코 좋지 않고, 오염지역에서 생산한 천일염을 먹는 것도 전혀 도움이 되지 않는다. 요오드의 하루 권장량은 150㎍이고 상한 섭취량은 3,000㎍이다.

6) 황

황은 주로 시스테인이나 메티오닌과 같은 함황 아미노산의 형태로 있다. 일부는 당과 결합해 연골·건·뼈 등에 분포되어 있고 혈액과 조직에도 소량 분포되어 있다.

7) 철분

성인의 하루 필요량은 12~18mg 정도인데 남자보다 여자가 더 많이 필요하다. 임신부는 26~30mg, 수유부는 20mg 정도 섭취해야 한다. 철은 헤모글로빈의 구성요소로 제이철(Fe^{2+})에 산소를 결합해 조직으로 운반하는 역할을 하고, 과산화효소 등 여러 가지 효소의 보조인자로 영양소 산화에 관여한다. 철은 흡수율이 낮아 식품의 약 10% 이하만 흡수되고, 몸에서 재사용율이 좋아 0.3~0.5mg 정도만이 대변으로 나간다. 부족하면 빈혈이 생기는데 빈혈 인구의 절반 정도가 철분 결핍성 빈혈이다.

8) 요오드

성장과 에너지 대사에 관여하는 갑상선 호르몬인 티록신의 구성분으로, 약 50%가 갑상선에 분포되어 있다. 갑상선에 요오드가 부족하면 갑상선종이나 성장지연

알츠하이머와 아연

알츠하이머 질환 발병에 아연의 불균형이 영향을 미치는 것으로 보고되었다. 보스톤 대학 연구팀이 밝힌 결과에 의하면 알츠하이머 질환과 연관된 기억력 소실이 아연의 불균형에 의한 미세소관의 손상에 의해 유발된다고 한다. 신경세포 밖의 플라크가 아연을 고립시켜 신경세포의 아연 농도를 낮추고, 그 결과 초래된 아연의 불균형이 미세소관 손상을 유발시키고, 이로 인해 알츠하이머 질환과 연관된 기억력 소실을 유발한다고 한다.

등을 일으키고, 장기간 부족하면 발육이 저조한 크레아틴병증을 일으켜 육체적 정신적인 이상을 일으킨다. 에너지 대사가 저하되어 추위에 민감해지며 근육이 약해진다. 갑상선 호르몬의 생성량이 증가하면 에너지 대사량도 증가되어 Basedow 병을 유발하기도 한다. 하루 권장량은 0.15~0.3㎎ 정도이다.

9) 아연

성인 남자에게 약 1.5~2.3g 정도 포함되어 있는데 신체의 모든 조직에 들어 있다. 주요 생리적인 기능은 80여 종의 효소의 구성분, 인슈린 작용을 도움, 핵산과 단백질 합성 관여 등이다. 부족하면 발육부진, 상처치유 장애, 체모발생 저해, 간장과 비장의 비대·빈혈 등이 생긴다.

3. 물

우리 체중의 45~75%를 차지하는 물도 하나의 영양소이며, 몸에서 일어나는 수분 손실은 몸 상태에 큰 영향을 줄 수 있다. 체수분의 약 2%를 잃으면 갈증을 느끼고, 5%를 잃으면 혼수상태에 빠지고, 10%를 잃으면 생명이 위험해진다. 인체는 항상 일정한 양의 수분을 보유하며 수분의 배설량과 섭취량은 균형을 이루어야 한다.

건강한 성인이 정상 온도에서 일반적으로 활동할 때 하루에 약 2.5L 정도의 물이 필요하며, 우리의 몸은 3가지 경로로 물을 얻는다. 이 중에서 대사수는 하루 필요량의 약 10%를 공급한다. 두 번째는 식품에 함유된 것을 먹는 것인데 하루 필요량의 약 30%를 공급한다. 세 번째는 음료 형태로 먹는 것인데 하루 필요량의 약 60% 정도가 여기에 해당한다.

수분은 요로 60%, 피부와 폐로 28%, 변으로 4%, 땀으로 8% 정도를 배출시킨다. 체내에서 너무 많은 양의 수분이 손실되면 혈액량과 혈압이 떨어지는데, 이때는 관련 효소와 호르몬 작용으로 신장에서 나트륨과 수분을 재흡수하여 수분 배설을 감소시킨다.

1) 물의 체내 분포

① 뼈의 10%, 지방의 25~35%, 근육의 72% 정도가 수분이며, 체내의 수분 약 60%는 세포 내액에, 5%는 혈액에, 20% 정도는 세포간질에 분포되어 있다.

② 나이를 먹을수록 체내 수분 비율은 낮아지고, 체내의 지방조직이 증가하면 수분 함량도 비례해서 감소한다.

③ 물의 양은 대사적으로 활발한 근육조직의 양과 비례한다. 즉 근육량이 많으면 수분도 상대적으로 많다.

2) 물의 체내 기능

① 세포질에서 생체분자들을 녹이는 용매로 작용하고, 가수분해 등의 화학반응에 참여하기도 한다.

② 영양소를 신체 곳곳으로 운반하며 공급해준다.

③ 신체대사에서 생기는 노폐물을 운반하거나 배설시키는 작용을 한다.

④ 외부 충격으로부터 주요 장기와 뇌를 보호하며, 관절에서 마찰을 방지하는 윤활유 역할을 한다.

⑤ 체액의 전해질 농도와 산이나 염기의 평형을 유지시킨다.

⑥ 호흡이나 땀 배출 등으로 체온을 조절한다.

평소보다 물을 많이 먹어야 할 때는?

- 운동을 하거나 날씨가 더워 땀을 많이 흘릴 때
- 전염병이나 식중독 등으로 설사나 구토를 할 때
- 열이 날 때
- 겨울철에 난방 등으로 건조한 환경에 있을 때
- 장시간 비행기를 탈 때

3) 수분 권장량

① 고열이나 설사로 인한 탈수, 더위·심한 운동 등으로 과도한 발한이 계속될 때 수분이 모자라면 탈수상태가 되는데, 체수분의 약 1~2%를 잃으면 갈증을 느끼고, 4% 정도를 잃으면 근육에 피로감을 느끼고, 10~20%를 잃으면 생명이 위험해 질 수 있다. 일단 심한 탈수를 겪으면 신장의 기능이 영구적으로 손상될 수도 있다. 탈수증상으로는 체중감소, 산증, 체온상승, 심한 갈증, 피부건조와 주름, 탈진 등이 나타난다.

② 정상 성인이 하루에 필요한 수분 섭취량은 섭취 열량 1000㎉당 1L로 계산할 수 있는데, 보통 정상 성인 기준으로 하루에 2~3L가 필요하다. 반면 신생아와 어린이는 성인에 비해 체중당 필요한 수분량이 훨씬 많다.

section 4

식이섬유소와 건강기능식품과 피토케미칼

1. 식이섬유소

식이섬유소((Dietary fiber))란 인체의 소화효소에 의해 소화되거나 흡수되지 않고 장내에 남는 난소화성 고분자 성분으로, 수용성과 불용성으로 나눈다.

수용성 식이섬유소에는 펙틴과 검류가 있는다. 이들은 만복감을 주고 포도당 흡수를 지연시키며 혈청 콜레스테롤 농도를 감소시키는 기능을 하는데 과일·채소·콩·쌀겨에 많이 들어 있다. 또 가공식품을 만들 때 안정성이나 점성을 높이려고 첨가물로 샐러드 드레싱·아이스크림·잼·젤리 등에 사용한다. 반면 불용성 식이섬유소는 셀룰로오스·헤미셀룰로오스·리그닌을 들 수 있는데 분변량을 증가시켜 장운동을 촉진시키고, 음식물이 장을 통과하는 시간을 단축시켜 배변을 좋게 만든다.

또 수용성 식이섬유소는 대장에서 박테리아가 분해시키면서 흡수되어 평균 1g당 2~3㎉의 에너지를 낼 수 있다. 너무 많이 섭취하면 대장에서 메탄이나 수소 같은 가스가 만들어지나 건강에는 해롭지 않다.

식이로 섭취한 약간의 셀룰로오스(6~50%), 대부분의 헤미셀룰로오스와 펙틴은

[표 4-1] 식이섬유소의 종류 및 생리적 기능

<table>
<tr><th></th><th>종류와 기원</th><th>주요 급원 식품</th><th>성분과 구조적 특성</th><th>생리적 기능</th></tr>
<tr><td rowspan="4">불용성</td><td>셀룰로오스</td><td>현미, 통밀 제품</td><td>가장 풍부한 식물체의 구성분, 비소화성 포도당 중합체</td><td rowspan="4">분변량 증가, 장통과 시간 단축, 장운동을 활발하게 함</td></tr>
<tr><td>헤미셀룰로즈</td><td>현미, 호밀, 쌀, 채소</td><td>포도당 중합체에 만노오스, 아라비노오스, 자일로오스 등도 포함. 자일란, 글루코만난, 갈락토만난 등 함유</td></tr>
<tr><td>리그닌</td><td>식물 줄기, 밀겨</td><td>비탄수화물로 셀룰로오스 및 헤미셀룰로오스와 결합해 세포벽을 구성하는 물질. 기본 구성단위는 폴리프로판</td></tr>
<tr><td>키틴</td><td>새우·게 등의 갑각류, 메뚜기 등의 곤충, 균류</td><td>N-아세틸글루코사민의 중합체</td></tr>
<tr><td rowspan="2">수용성</td><td>펙틴 검
일부
헤미셀룰로즈</td><td>사과, 바나나, 감귤류, 보리, 귀리, 강낭콩</td><td>식물의 세포벽과 세포 사이의 층에 있음, 갈락투론산과 람노오스가 주성분, 점착성의 다당류로 글루쿠론산, 갈락투론산, 아라비노오스, 람노오스 등으로 구성</td><td>음식물이 위장을 느리게 통과, 만복감을 줌, 당 흡수를 느리게 함</td></tr>
<tr><td>뮤실리지</td><td>씨앗, 해조류</td><td>아라비노오스, 람노오스, 갈락투론산, 갈락토오스 등으로 구성된 점액성 물질</td><td>혈청 콜레스테롤 감소</td></tr>
</table>

결장에서 미생물이 발효시키고, 그 결과 휘발성 지방산·수소·이산화탄소·메탄 등의 가스가 생성되는데 휘발성 지방산은 체내로 흡수되어 이용된다. 변의 고형분의 약 50%는 미생물이고, 나머지는 대부분 소화되지 않은 식이섬유질이다. 대부분의 리그닌과 많은 셀룰로오스는 소화되거나 발효되지 않는다.

1) 가공식품에 넣는 식이섬유류

① 폴리덱스트로스 : 1g당 1kcal의 낮은 열량을 내며, 위생적으로 안전하고 식이섬유의 장점이 있어 저칼로리 기능성 식품의 소재로 많이 사용한다.

② 펙틴 : 식물의 세포벽과 세포 사이에 층을 이루는 물질이다. 사과·레몬·오렌지 등의 껍질에 많고, 사탕무에도 많이 들어 있다.

③ 구아검 : 구아나무의 종자에서 채취하는 고분자 다당류이다. 수용액은 중성, 무색·무미·무취하여 어떠한 식품에도 사용할 수 있다.

④ 알긴산 : 미역이나 다시마 등의 갈조류에서 채취하는 다당류로, 탄산나트륨으로 추출해서 얻는다.

⑤ 카라기난(carrageenan) : 홍조류에서 얻는 추출물이다. 겔을 형성하지 않는 성분과 형성하는 성분으로 나뉜다.

⑥ 한천 : 홍조류에서 얻는 다당류이다. 겔을 형성하는 능력이 강하며 고온에서 잘 견뎌 빵·과자·유제품 등에 안정제로 사용한다.

⑦ 셀룰로스(cellulose) : 단풍나무나 너도밤나무 등의 목재를 정제하거나 미분말화하여 얻는다.

⑧ 헤미셀룰로스(hemicellulose) : 셀룰로스와 유사하나 분자의 구조나 크기가 일정하지 않은 다당류의 혼합물로, 식물의 세포벽을 구성하는 구조물이다.

⑨ 리그닌 : 조섬유의 한 성분으로 식물의 조직에 셀룰로스나 헤미셀룰로스와 함께 있으나 방향족 탄화수소의 중합체로 목질화를 가져오는 주요 성분이다.

⑩ 키틴 : 새우나 게 등의 갑각류에서 얻는 물질로, 껍질에 염산을 작용시켜 그 속의 탄산칼륨을 용해·제거해서 얻는다. 키틴을 산으로 가수분해하면 글루

코사민이 형성되고, 이것을 다시 온화하게 가수분해하면 키토비오스를 얻을 수 있다.

⑪ 식이섬유가 많은 식품(단위 : %/g) : 건조 한천 81.29, 건조 해파리 74.18, 건조 표고 43.41, 건조 미역 37.95, 강낭콩 19.76, 참깨 11.58, 호밀빵 5.21, 말린 새우 3.89, 현미 2.92, 식빵 2.55, 당근 2.55, 시금치 2.50, 고구마 2.32, 사과 1.63, 딸기 1.52, 바나나 1.48, 감자 1.35, 무 1.34, 배추 1.09, 백미 0.72.

⑫ 식이섬유 보충 제품 : 일상의 식사에서 부족한 식이섬유를 보충하려고 먹는 건강기능식품으로, 식이섬유 보충이 목적일 때는 최종 제품의 1회 섭취량당 식이섬유의 함량이 5.0g 이상이어야 한다.

2) 식이섬유소와 건강

식이섬유소는 아래와 같은 이화학적인 특성이 있어 영양의 섭취와 건강에 영향을 미칠 수 있다.

① 흡수작용과 팽윤작용 : 물을 흡수하여 팽윤하는 작용으로, 특히 불용성 식이섬유의 팽윤 정도가 큰 편이다.

② 확산저해작용 : 수용성 식물 섬유는 물에 녹으면 점도가 높아지고, 당·콜레스테롤·무지질 등의 영양성분의 흡수를 지연시키거나 방해하고, 식품성분의 확산속도가 느려진다.

[표 4-2] 고식이섬유 식이의 장단점

장 점	단 점
- 당분·지질 등의 소화 흡수 속도 저하 - 식후의 혈당량을 낮게 유지 - 조직 내 인슐린 감수성 증가 - 혈중 콜레스테롤 저하 - 콜레스테롤 합성 저하	- 장 내 가스 생성 - 장의 불안감 초래 - 무기질의 흡수·이용성 저하

식이섬유소는 많이 먹을수록 좋을까?

건강한 성인에게 고섬유소 식사는 건강에 유익한 점이 많지만 주의해야하는 사람도 있다. 소화능력이 떨어진 노약자나 성장속도가 빠른 어린이는 지나친 식이섬유의 섭취가 바람직하지 못하다. 하루 60g 정도의 고(高)섬유질 식이는 건강에 위험할 수 있다. 섬유질 섭취가 많고 충분한 수분을 섭취하지 않을 때 섬유질이 장(腸)을 막을 수 있다. 고섬유질 식이는 많은 가스를 발생시키고 피토베조르(phytobezoar)라는 섬유질 공을 만들어 장의 흐름을 막을 수 있으며·과다섭취로 인해 설사·구토·복부 팽만·두통·배변 빈도 증가 등의 부작용을 일으킬 수 있다. 식이섬유는 칼슘·아연·철분 등의 중요한 무기질의 흡수를 방해하므로 영양상태가 나쁠 때는 더 조심해야 한다.

③ 흡착작용 : 식이섬유는 무기질을 비롯해 유기화합물(담즙산 등)을 흡착시키는 작용을 한다.

위와 같은 이화학적인 특성 때문에 아래와 같은 기능을 한다.

① 구강의 저작활동을 자극해 타액과 위액의 분비를 촉진한다.

② 위장의 포만감을 느끼게 하고 천천히 비워지게 한다.

③ 소장에서 영양소의 흡수를 지연시킨다.

④ 혈당 상승속도를 느리게 하여 췌장에서 인슈린 분비가 느려진다.

⑤ 대장에서 짧은 지방산으로 발효, 일부 영양소의 배설량이 증가한다.

⑥ 혈청 콜레스테롤 농도를 감소시킨다.

⑦ 지방세포에서 체내 지방 합성은 감소하고 분해는 증가된다.

(1) 비만과 식이섬유소

① 식이섬유소는 흡수·팽윤하는 성질로 인해 적은 양으로도 포만감을 주어서 음식 섭취량이 적어진다.

② 장의 연동작용이 활발하도록 자극해, 음식물이 장을 통과하는 시간을 단축

시켜 영양소 흡수가 적어진다.

③ 펙틴과 같은 수용성 섬유소는 물과의 친화력이 커 쉽게 용해되거나 겔을 형성하여 점성이 강해지고 다른 영양소의 흡수를 방해하기도 한다.

(2) 대장암과 식이섬유소

식이섬유소가 많은 곡류·과일·채소는 대장암을 예방하는 효과가 있다. 식이섬유소가 대장암발병을 감소시키는 이유는 다음과 같다.

① 식이섬유소가 다량의 물을 흡수함으로 인해 장에 있는 발암물질의 농도를

[표 4-3] 식이섬유소와 건강과의 관계

질 병	식이섬유소의 기능	체내 작용
비만 지방분해	만복감 증가, 영양소 체내 흡수, 인슈린 분비 감소	음식물 섭취에 시간 걸림, 지방 분해와 지방 배설량 증가, 장에서 영양소 흡수 방해, 소화물의 대장 통과 시간 단축
변비	장의 연동운동 촉진과 보수력 증가	대장 통과 시간이 단축되고 보수력이 높아져 변이 부드러워짐
대장암	대장에서 음식물 희석하고, 대장 통과 속도가 빨라짐	발암물질의 농도를 낮추고 접촉시간을 단축시킴
당뇨병	공복일 때 혈당 낮춤, 요당 감소, 인슈린 필요량 저하·감소, 식후 고혈당증 예방	위장에서 음식물 이동이 늦어지고, 포도당의 흡수량과 흡수 속도가 떨어지거나 지연됨
고혈압 동맥경화 심장병	담즙 배설 촉진, 혈중 중성지방과 콜레스테롤 감소	담즙에 있는 콜레스테롤과 결합해 대장에서 재흡수를 방해하며 배설 촉진, 소장에서 지방과 결합해 흡수를 방해하며 배설을 증가시킴

희석하여 발암효과를 억제한다.

② 발암물질을 흡착하여 장에서 흡수되지 못하게 한다.

③ 식이섬유소가 장의 연동작용을 도와 음식물이 장을 빨리 통과하게 함으로써 대장세포가 발암물질과 접촉할 수 있는 시간을 단축시킨다.

④ 과일이나 채소는 식이섬유소 뿐 아니라 비타민C와 카로티노이드 등의 항암물질도 함유한다. 따라서 암을 예방하려면 자연식품으로 먹는 것이 보충제로 식이섬유소를 먹는 것보다는 비타민C나 카로티노이드를 동시에 함께 섭취할 수 있다는 이유에서 더욱 좋다.

(3) 변비와 식이섬유소

① 식이섬유소는 소화물의 양을 증가시켜 대장 근육을 자극함으로써 통과속도를 빠르게 한다.

② 물을 보유하는 성질이 있어 변을 부드럽게 만든다.

③ 식이섬유소를 너무 적게 먹으면 변의 양은 적고 단단해져 변비가 되기 쉽다.

(4) 당뇨병 및 동맥경화증과 식이섬유소

① 수용성 식이섬유소를 많이 먹으면 소장에서 당 흡수가 느려지고, 혈당이 천천히 증가하므로 당뇨병 치료와 예방에 도움을 준다.

② 소장의 콜레스테롤 흡수를 방해하므로 혈청 콜레스테롤이 감소되고 인슈린 분비가 감소되면서 간에서 콜레스테롤 합성이 감소한다.

③ 소장에서 담즙산과 결합해 배설하므로 담즙산의 재흡수를 억제하여 동맥 경화증 치료와 예방에 도움을 준다.

(5) 식이섬유소 권장량

한국인의 식이섬유소 권장량은 총 식이섬유 기준으로 하루에 20~25g이다. 미국인은 성인 남자는 38g, 여자는 25g이다. 세계보건기구(WHO)는 비(非)전분성 다당류 기준으로는 하루에 16~24g, 총 식이섬유 기준으로는 하루에 27~40g를 권장한다. 이는 식이 1,000㎉당 14g을 기준으로 한 것이다.

2. 건강기능식품

우리나라에서 2002년 8월에 공포된 "건강기능식품에 관한 법률" 제3조(정의)에 의거 "건강기능식품"이란 인체에 유용한 기능성을 가진 원료나 성분을 사용하여 제조(가공을 포함한다. 이하 같다)한 식품을 말한다. 건강기능식품은 식품의 3차기능인 건강유지 및 증진에 도움이 되는 생체조절기능에 초점을 맞춘 제품이다.

많은 사람들이 '건강기능식품'을 질병을 치료하는 의약품처럼 오해하고 있으나 '건강기능식품'의 기능성은 의약품과 같이 질병의 직접적인 치료나 예방을 하는 것이 아니라 인체의 정상적인 기능을 유지하거나 생리기능 활성화를 통해 건강을 유지하고 개선하는 것을 말한다.

1) 건강기능식품의 기능성별 분류

(1) 기능성 원료

기능성 원료는 식품의약품안전청에서 「건강기능식품 공전」에 기준과 규격을 고시해 누구나 사용할 수 있는 약 83여 종의 고시된 원료와 개별적으로 식품의약품안전

건강기능식품을 안전하게 먹는 방법

- 먹는 양과 방법이 정해져 있으니 반드시 확인하고 지킨다.
- 원료의 특성상 취약계층(어린이·임산부·수유부·어르신), 특정 질환자, 의약품 복용자는 특히 주의해야 할 경우가 있다.
- 섭취 전에 건강기능식품 포장의 '섭취 시 주의사항'을 확인한다.
- 특정 질환으로 치료를 받거나 약을 먹는 사람은 반드시 의사와 상담한 후 복용한다.
- 건강기능식품 표지에서 'GMP 인증도안'을 확인한다.
- 유통기한이 충분히 남았는지 반드시 확인한다.

비타민 보충제

경우에 따라 부족해지기 쉬운 영양소는 각각 다르다. 개인의 체질·영양·건강 상태 등 다양한 요인에 따라 부족해지기 쉬운 영양소가 달라질 수 있다.

- 우유를 마시지 않거나 몸이 불편해 거의 외출하지 않는 경우 → 칼슘과 비타민D 부족
- 채소 위주의 식사를 하는 경우 → 칼슘, 철분, 아연, 비타민B_1, 비타민B_2 부족
- 저지방 식사나 식물성 유지, 견과류를 거의 먹지 않는 경우 → 비타민E 부족
- 담배를 피고, 과일이나 채소를 거의 먹지 않는 경우 → 비타민C 부족
- 위궤양이나 위산과다로 약을 먹거나 아스피린을 자주 먹는 경우 → 철분 부족
- 나이가 들어 위산분비가 줄어드는 경우 → 비타민B_2 부족

청의 심사를 거쳐 인정받은 영업자만이 사용할 수 있는 약 140여 종의 개별 인정 원료가 있다.

(2) 건강기능식품의 기능성별 분류

① 질병발생 위험감소 : 현재까지 '골다공증 발생 위험 감소에 도움을 줌'만 있다.

- 칼슘(하루 섭취량 : 210~800㎎)
- 비타민D(하루 섭취량 : 1.5~10ug)

② 생리활성 : 인체의 구조 및 기능에 대하여 생리학적 작용 등과 같은 보건용도에 유용한 효과로 24개의 기능성이 있다. 예를 들어 '기억력 개선'에 해당된다면 '기억력 개선에 도움을 줌(줄 수 있음. 줄 수 있으나 관련 인체적용시험이 미흡)'으로 인정된다.

③ 영양소 : 비타민·무기질·단백질·식이섬유·필수 지방산의 등이 있다.

24종의 기능성 분야는 다음과 같다.

·기억력 개선·혈행 개선·간건강·체지방 감소·갱년기 여성건강·혈당조절·눈 건강·면역기능·관절·뼈 건강·전립선 건강·피로개선·피부건강·콜레스테롤 개선·혈

압조절·긴장완화·장 건강·칼슘흡수 도움·요로 건강·소화기능·항산화·혈중중정지방개선·인지능력·운동수행 능력 향상·충치발생 위험감소

3. 피토케미칼

1) 피토케미칼(phytochemical)이란

식물 생리활성 영양소, 식물 내재영양소라고도 한다. 피토케미칼은 식물을 뜻하는 영어 피토(phyto)와 화학을 뜻하는 케미칼(chemical)의 합성어이다. 식물성 식품 속에 미량으로 존재하는 성분으로 인체에 생리활성을 가지고 있는 물질들을 가리키며 제 7의 영양소로도 불린다.

식물 자체에서는 자신과 경쟁하는 식물의 생장을 방해하거나 각종 미생물·해충 등으로부터 자신의 몸을 보호하는 역할 등을 한다. 피토케미칼은 건강을 유지하는 데 필수적인 요소처럼 생각된다. 피토케미칼로 인한 결핍증상은 나타나지 않지만 불균형한 식사를 오래 지속하여 피토케미칼의 섭취가 부족할 경우에는 건강에 치명적인 해를 입힐 수 있다.

피토케미칼의 올바른 섭취

최근 여러 가지 피토케미칼이 제품화되어 시중에 나와 있다. 그러나 피토케미칼은 신선한 과일이나 채소 등의 복합영양소 형태로 먹는 것이 정제된 보충제 형태로 먹는 것보다 훨씬 좋다. 그 이유는 일상 식생활에서 음식물 형태로 즐기면서 섭취할 수 있고, 무기질 등 다른 여러 영양소들과 피토케미칼을 함께 섭취해 이들 성분간의 상승효과도 기대할 수 있다는 점과 안전하다는 점 등이다. 피토케미칼은 인체에 꼭 필요한 성분이나 지나치게 많은 것들을 섭취하면 건강에 문제가 될 수도 있다. 또 암환자가 항산화 비타민을 복용하면 암이 악화된다는 보고가 있는 것처럼 특정 질환이 있는 사람이 특정 피토케미칼을 복용하면 부정적인 영향을 줄 수도 있다.

[표 4-4] 카로티노이드의 종류와 기능

종 류	체내 기능	주요 급원
베타-카로틴	노화방지, 항암효과, 당뇨병 합병증 예방, 폐기능 증진	당근, 늙은 호박, 고구마, 망고, 파파야, 키위, 살구, 브로콜리, 시금치, 케일 등
루테인	시각기능, 백내장과 황반 퇴화 속도 지연, 암 위험 감소	옥수수·키위·오렌지 등 노란색 식품들과 시금치, 브로콜리, 아욱, 양배추, 양상추, 배추 등
라이코펜	유방암, 전립선암과 LDL 생성 억제와 지질과산화 방지로 심장병 예방, 피부노화 억제	붉은색 과일과 채소, 토마토, 고추, 자몽, 수박
지아잔틴	시각기능, 황반 퇴화 지연, 항암 효과	옥수수, 시금치, 늙은 호박, 달걀 노른자 등
캡산틴	콜레스테롤 저하, 동맥경화 예방, 항암작용	파프리카·고추 등 붉은색 채소

2) 피토케미칼의 역할

우리가 채소와 과일을 충분히 섭취해야 한다고 강조하는 이유 중에 하나는 이들이 가지고 있는 다양한 피토케미칼 성분 때문이다. 피토케미칼은 암·심장병·고혈압·백내장·골다공증 등 각종 성인병을 예방하고 노화를 지연시키는데 효과가 있다는 것이 밝혀지고 있다. 피토케미칼의 기능을 정리하면 아래와 같다.

① 항암작용 ② 노화방지 ③ 항산화작용 ④ 해독작용 ⑤ 면역기능 증강
⑥ 호르몬 역할 조절 ⑦ 살균작용

3) 피토케미칼은 어떤 식품에 많은가

피토케미칼은 신선한 과일과 채소·콩류·차류·견과류에 많이 있으며, 식물에 다

채로운 색을 띠게 하는 색소성분들이 많다. 따라서 노랑·빨강·검정 등 진하고 예쁜 색을 띠고 있는 식품일수록 피토케미칼의 성분이 다양하게 많이 들어 있다. 이러한 근거로 식단을 구성할 때는 무지개색으로 조합하는 것이 좋다고 한다.

4) 식품 속의 피토케미칼 종류

(1) 카로티노이드류

물에는 불용성으로 오렌지·빨강·보라색을 띠는 색소(pigment)이다. 현재까지 수백 종이 알려져 있다. 카로티노이드 중 베타카로틴은 비타민A의 전구체가 되기도 하

[표 4-5] 플라보노이드의 종류와 기능

종 류	체내 기능	주요 급원
레스베라트롤	항암, 강력한 항산화 작용, 혈청 콜레스테롤 강하, 항바이러스, 신경 보호작용, 항염증작용, 항노화, 심장병과 혈전 형성 지연, 뇌졸중 예방	오디·적포도 등 베리류 땅콩 등
안토시아닌	눈 건강, 단기 기억력 증가, 요도 감염 감소	딸기, 키위, 자두, 블루베리, 검정콩 등
퀴세틴	고혈압에 효과, 알러지와 관계된 염증 감소, 항암작용, 오염물질과 흡연의 폐 보호	양파, 사과, 배, 포도, 케일, 아욱, 브로콜리, 잎상추, 마늘, 녹차 등
헤스페라딘	심장병 예방, 혈관 강화, 항알러지	감귤류 속껍질에 많음
탄제리틴	콜레스테롤 강하, 항암작용	감귤류 속껍질에 많음
카테킨	항암효과, 혈압 강하, 동맥경화 억제, 항바이러스	녹차·우롱차 등 다류, 포도 등

[표 4-6] 기타 식품 속의 피토케미칼의 종류와 기능

종 류	유효 성분	체내 기능	주요 급원
페놀화합물	엘라직산, 갈릭산, 카페익산 등	항바이러스·혈중 콜레스테롤 강하, 항암작용, 심장병 예방	사과, 자두, 딸기, 적포도, 석류, 키위, 건포도, 토마토, 커피, 녹차, 전곡류
이소플라본	제니스테인, 다이드제인	유방암·심혈관계질환·골다공증 예방, 월경 전 증후군	대두, 두부, 된장, 간장, 콩나물, 옥수수, 땅콩
알릴화합물	알린, 알리신 등	간암·유방암·대장암·위암·심혈관계질환 예방	마늘, 양파, 부추, 파
술포라펜	이소시오아시아네이트	유방암 예방, 혈중 콜레스테롤 강하, 골다공증 예방	배추·브로콜리·컬리플라워·케일·양배추·순무 등 십자과 채소
사포닌	사포닌	항암작용, 혈당강하, 콜레스테롤 강하	인삼, 홍삼, 콩, 팥
항산화비타민		항암작용, 심혈관계질환 예방	당근·감귤류 등 각종 과일과 녹황색 채소, 식물유
리모넨		항암작용, 폐기능	오렌지·자몽·감귤·레몬의 겉껍질과 속의 흰 껍질

고 항산화 기능이 있다. 카로티노이드는 심장병·뇌졸중 등 심혈관계질환을 예방하고 시력보호와 노화억제, 항암기능 등이 있는 것으로 알려져 있다.

(2) 플라보노이드(flavonoids)

노란색 계통의 색소로, 페닐기 2개가 C3사슬을 매개해 결합한 탄소 골격구조다. 그리스어로 노란색을 뜻하는 플라부스(flavus)에서 유래된 말로, 플라본(flavone)을 기본 구조로 갖는 식물 색소를 말한다. 비타민P(투과성 비타민) 또는 비타민C2(비타민C의 상승제)라고도 한다. 항산화제 역할을 하며 활성산소를 중화시켜 동맥경화 등 심혈관계질환을 예방하고, 항균·항암·항바이러스·항알레르기·항염증 활성 작용을 하며 독성은 거의 없다.

활성산소(반응성 산소종, 자유라디칼)

호흡할 때 인체에서 쓰는 산소는 대부분 전자와 결합해 무독한 물로 바뀌나 약간은 과산화수소·히드록시라디칼·슈퍼옥사이드 등의 반응성이 매우 큰 활성산소로 바뀌어 세포막의 지질층·단백질·DNA 등의 주요 분자를 손상시켜 암을 비롯한 각종 질병에 약하게 만든다. 젊고 건강할 때는 이 활성산소를 중화시키는 능력이 뛰어나 별 문제가 없으나 나이를 먹거나 신체에 과도한 스트레스가 가해지면 활성산소 제거에 문제가 생긴다.

우리 몸에서는 활성산소를 제거하기 위해 항산화 물질을 만들기도 하고 식품에서 섭취하기도 하는데 비타민 A·E·C와 같은 항산화 비타민과 각종 피토케미칼류가 식품을 통해 얻을 수 있는 것들이다. 활성산소는 과식, 음주, 훈제식품, 흡연, 과격한 운동, 자외선, 화학물질, 공해물질 등의 환경적 요인으로 많이 생성될 수 있다.

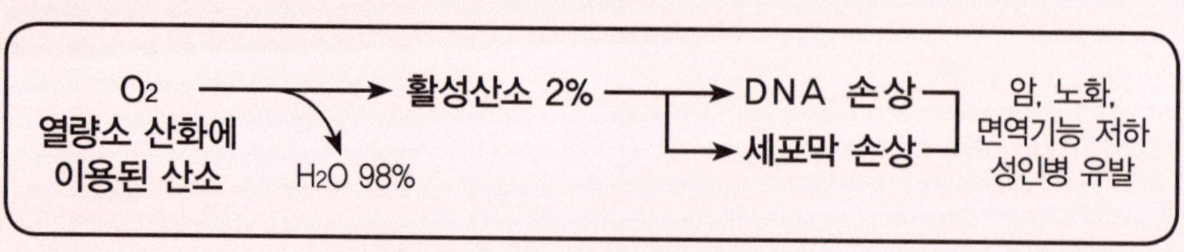

[그림 4-1] 활성산소의 생성과 작용

section 5

식생활 진단

우리의 생활습관은 유전 요인의 지배를 받기도 하고 환경의 영향을 받기도 한다. 식습관도 마찬가지여서 가족간에 공통점이 많으며 자손에 계승되는 특성이 있고 쉽게 바뀌지 않는다. 개인의 식습관 형성은 지역과 문화·전통·교육·종교·심리적 요인 등 다양한 인자들과 연관되어 있으며 건강한 식습관이 개인의 육체적·정신적 건강을 유지하는데 커다란 영향을 미칠 수도 있다.

우리나라도 산업화·핵가족화 등으로 전통적인 식생활 방식에서 서구형 식생활 패턴으로의 변화가 진행됨에 따라 질병도 심혈관계질환·당뇨병·대장암 등이 증가하고 있다. 이들 질병들은 대개 일상에서 섭취하는 식품과의 연관성이 높으며 식습관을 개선함에 의해 예방 및 감소가 가능하다. 올바른 식생활은 어떤 것인지 알아보고 나의 식생활을 진단해 보자.

1. 영양상태의 평가

영양상태 평가는 음식의 섭취량과 종류를 파악해서 적절하게 영양소를 섭취하는지 알아보고 영양과 관련된 지표나 측정값을 해석해서 영양과 건강상태에 대해 진단 평가하는 과정을 말한다.

영양상태 평가는 질병의 예방과 조기발견 및 치료에서 중요한 역할을 담당하므로 정기적으로 실시하는 것이 좋다. 영양상태 평가는 신체계측(anthropometric assessment)에 의한 평가, 생화학적 지표에 의한 평가(Biochemical assessment), 임상 평가(clinical assessment), 식이와 식습관에 의한 평가(dietary assessment)가 있으며 한 가지나 서로 다른 방법을 상호 보완적으로 활용한다.

1) 신체계측

① 신체계측(Anthropometric assessment)은 영양상태는 신체지수와 관계있다는 사실에 근거해 신체의 성장과 신체 구성성분의 비율을 측정하고 이를 표준치와 비교하여 영양상태를 평가하는 방법이다. 신체계측은 특히 영유아나 성장기 어린이의 발육 상태, 단백질 영양상태, 에너지 상태, 비만 등을 판단하는 데 중요하게 활용될 수 있다.

② 신체 구성분의 측정 : 신체는 체지방성분과 제지방성분으로 구성된다. 체지방은 잉여 영양분을 몸 안에 저장시켜둔 형태의 에너지 저장체이면서 체온유지 및 물리적 충격의 신체보호 기능도 있다. 체중에서 체지방량을 뺀 값이 제지방량인데 체지방량과 제지방량의 비율을 측정하면 에너지 섭취가 많은지 적은지를 평가할 수 있으며 근육량에 비해 체지방이 많은 상태가 비만이다. 제지방 성분을 측정하여 단백질양을 추정한다.

[표 5-1] 영양을 판정할 때 사용하는 신체계측의 종류

신체 계측 항목	신체 계측치로 얻는 정보
- 신장·체중	- 영양 부족·과잉 여부, 성장
- 이상 체중 비율·변화	- 영양 부족·과잉
- 두위	- 2세 이하 영유아의 뇌 성장과 발달
- 상완위	- 근육질량과 피하지방
- 피부 두 겹 두께	- 피하지방량과 총 체지방량

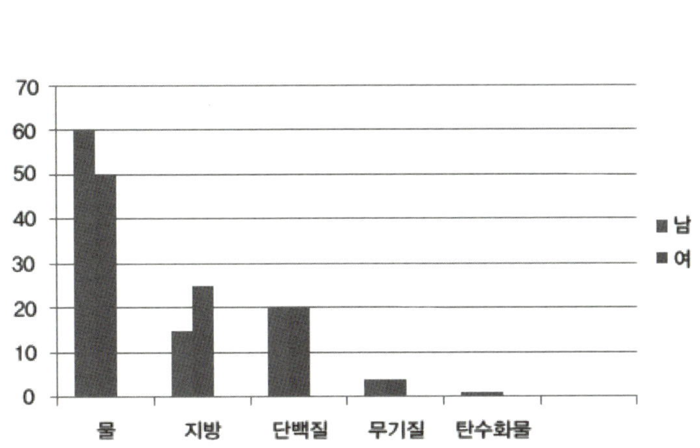

[그림 5-1] 신체의 화학적 조성

2) 체격지수

체중과 신장의 계측치는 가장 많이 사용하며 비만이나 수척 정도를 파악하는데 사용한다.

3) 신체조성 알기

최근 비만 등 성인병이 증가함에 따라 체지방량과 비율 등 신체조성을 알아보는 신체계측을 통한 영양판정이 많이 사용된다. 인체는 체수분·단백질·체지방·무기질의 4가지 성분으로 구성되어 있으며 건강한 사람들은 이들 체성분의 비율이 균형을 이루고 있다. 체지방이 많으면 비만이며, 체수분의 균형이 깨지면 부종, 무기질이 부족하면 골다공증, 단백질이 부족하면 영양결핍이 나타나게 된다.

(1) 체지방에 따른 영양판정

에너지 섭취가 사용양보다 많을 경우 체지방이 증가하고 영양상태가 불량한 경우 체지방이 감소한다. 체지방량과 체지방 비율은 연령·성 등의 요인에 따라 다르며 개인차가 있다. 일반적으로 체지방 비율은 남자보다 여성, 성인보다 노인의 경우가 높다. 성인의 경우 바람직한 체지방 비율은 남자 8~15%, 여자 13~23%이다(표 참조).

[표 5-2] 흔히 사용하는 체격지수

지 수	산출 방법	판 정
비만도	실제체중/표준체중×100 - 표준 체중 산출 - 신장≥160㎝ : {신장(㎝)−100}×0.9 - 150≤신장≤160㎝ : {신장(㎝)−150}×0.5+50 - 신장≤150㎝ : 신장(㎝)−100	- 미달 : 비만도<90% - 정상 : 90%< 비만도< 110% - 과다 : 110%< 비만도< 120% - 정상 : 120%< 비만도
체질량 지수	체중(kg)/{신장(m)}^{2}	- 수척 : 18.5 미만 - 정상 : 18.5~22.9 - 과체중 : 23~24.9 - 비만 : 25~29.9 이상 - 고도비만 : 30 이상
허리와 엉덩이 둘레 비	허리 둘레·엉덩이 둘레(㎝)	복부비만 : 남자 0.90, 여자 0.85 이상. 내장지방의 과다상태를 나타내며 수치가 높을수록 고혈압·당뇨병·심장병 위험도 증가 - 정상 : 남<90㎝, 여<80㎝

[표 5-3] 성인의 체지방 비율에 따른 판정(%)

구 분	남 자	여 자
수 척	<8	<13
정 상	8~15	13~23
약간 비만	16~20	24~27
과 다	21~24	28~32
비 만	>25	>33

4) 체지방 측정방법

(1) 피부 두 겹 집기

체내의 지방 50% 정도는 피하지방이다. 캘리퍼를 이용하여 신체 여러 부위의 피부 두겹의 두께(피부와 바로 그 아랫부분의 지방조직)를 측정하고 간접적으로 체지방률을 산출한다. 상완 삼두근 부위(triceps)를 측정하는 경우가 가장 많다. 상완부와 견갑부의 피하지방 두께를 더하여 남자는 45㎜ 이상, 여자는 60 ㎜ 이상을 비만이라고 본다.

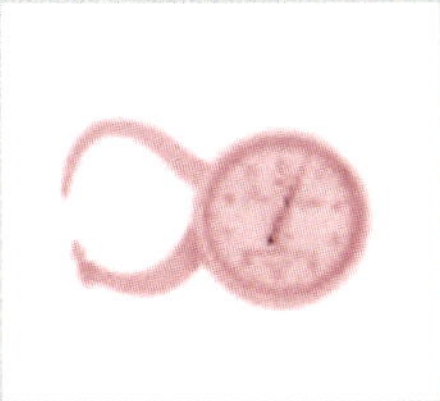

[그림 5-2] 캘리퍼스

(2) 허리와 엉덩이 둘레 비(waist-hip circumference ratio, WHR)

허리와 엉덩이 둘레의 비는 복부비만 정도를 나타내는 가장 간단한 방법이다. 남자는 0.9~0.95 이상, 여자는 0.8~0.85 이상이면 비만이라 하는데 이 값은 고혈압 등의 성인병과 밀접한 관계가 있다.

(3) 전기전도법(inbody)

생체에 전기를 통하게 하고 그 저항값을 구하여 신체의 체수분·제지방·체지방량 및 비율을 산출하는 방법이다. 체지방이 많을수록 저항이 커서 전기전도도 값이 작아지고 체수분 및 제지방성분 함량이 많을수록 커지는 원리를 이용한다.

(4) 생화학적 검사

혈액이나 대소변 등의 시료를 채취 분석하여 이에 함유된 영양소나 영양소의 대사산물 및 영양상태에 의해 영향받는 효소들의 활성을 측정하여 영양상태를 판정한다. 생화학적 분석은 다른 방법들과 비교해서 가장 객관적인 자료로 이용할 수 있다. 또한 임상적인 증상이 나타나기 전에 영양불량을 발견할 수 있으므로 예방적인 측면에서 영양평가를 할 때 더욱 요긴하게 사용한다.

(5) 임상조사

대상자의 건강상태나 육안으로 나타나는 신체적 증상으로 영양상태를 평가하는 방법이다. 영양상태가 불량해지면 피부·머리·근육 등 신체 각 부위에서 이상을 발견할 수 있다. 임상조사는 건강상태를 포함한 병력·식사력·영양상태를 반영하는 신체증후나 증상을 조사한 후 종합적으로 판단한다. 그러나 임상적 증상은 영양불량 상태가 어느 정도 지나야 나타나므로 초기의 영양불량 상태를 알아내기는 어렵다.

[표 5-4] 단백질과 철분의 영양상태 평가지표

<table>
<tr><th colspan="2">종 류</th><th>평 가</th><th>특 징</th></tr>
<tr><td rowspan="3">단백질</td><td>혈청 총 단백질
(g/dL)</td><td>- 정상 : 〉6.5
- 경계 : 6.0~6.4
- 결핍 : 〈6.0</td><td>간단하며 비교적 정확한 평가 방법, 알부민 수치가 낮을 때 감소</td></tr>
<tr><td>혈청알부민
(g/dL)</td><td>- 정상 : 〉3.5
- 경계 : 2.8~3.4
- 결핍 : 〈2.8</td><td>장기간 영양이 결핍되면 감소, 만성적 단백질 결핍, 수술 후 합병증 발생 지표로 사용, 단백질 섭취 부족 외 여러 요인(외상, 수술, 스트레스, 간질환)의 영향을 받음</td></tr>
<tr><td>혈청트랜스페린
(mg/dL)</td><td>- 정상 : 〉200
- 경계 : 100~200
- 결핍 : 〈100</td><td>철분 이동 관련 단백질, 철분 단백질 영양을 반영하는 지표</td></tr>
<tr><td rowspan="2">철분</td><td>헤모글로빈 농도
(g/dL)</td><td>- 정상 : 14~18(남)
12~16(여)
- 빈혈 : 〈13.5(남)
〈12(여)</td><td>혈액 중 헤모글로빈 수치, 산소 운반 능력에 대한 지표</td></tr>
<tr><td>혈청트랜스페린
(mg/dL)</td><td>- 정상 : 40~54(남)
37~47(여)</td><td>혈액에서 적혈구가 차지하는 비율</td></tr>
</table>

[표 5-5] 혈중 지질 농도 및 심혈관계질환의 위험도

항목	정상	경계	위험	참 고
총콜레스테롤 (mg/dL)	〈200	200~239	〉240	고콜레스테롤 혈증은 동맥경화와 심혈관계질환의 위험도를 증가시킴. 저콜레스테롤 혈증은 영양부족 상태를 나타냄
LDL(mg/dL)	〈130	130~159	〉160	간에서 다른 조직으로 지질 및 콜레스테롤을 운반 하며 수치가 높은 경우 심혈관계질환의 위험 증가
HDL(mg/dL)	〉40	35~40	〈35	혈관에 있는 지질 및 콜레스테롤 을 간으로 거두어 들이는 역할을 하며 수치가 낮은 경우 심혈관계질환 및 동맥경화의 위험 증가
중성지방 (mg/dL)	〈200	200~399	〉400	에너지 과다섭취 시 당뇨병, 비만 시 증가

[표 5-6] 당뇨병 및 간기능 진단을 위한 생화학적 검사

항 목	평 가	특 징
공복의 혈당	70~115 mg/dL	혈당이 공복에는 140mg/dL 이상, 공복이 아닐 때는 200mg/dL 이상이면 당뇨병으로 진단
경구당 부하 검사		포도당 용액(성인 : 포도당 75g, 어린이 1.75g/kg)을 마시고 1시간 단위로 2~3시간 동안 혈당 측정, 1~2시간 후 혈당치가 200mg/dL 이상이면 당뇨병으로 진단
당화 헤모글로빈	≤6%	최근 1~3개월 동안 평균 혈당농도를 평가하는 지표, 이 수치가 10% 정도이면 혈당 조절이 보통, 13~20% 이면 혈당 조절이 불량한 상태임
혈청 지오티	10~30 units/L	간기능 이상에 민감하게 반응하는 효소로 간염 초기에 지오티 상승
혈청 지피티	7~38 units/L	간염·간경화·담관폐쇄 등으로 간기능이 손상되면 올라감
r-GPT	7~40IU/L	간기능 검사
LDH	200~450 IU/L	간기능 검사

- SGOT(serum glutamic oxaloacetic transaminase), SGPT(serum glutamic pyruvic transaminase) LDH(젖산 탈수소 효소)

[표 5-7] 영양상태를 나타내는 신체적 증후

신체	영양이 좋은 상태	영양 장애 증후	관련 영양소
외모	원기왕성, 숙면, 주의력 좋음. 키·나이·체격에 적당한 몸무게	건강이 좋지 않음, 과체중이나 저체중, 식욕부진	에너지, 단백질, 비타민B군
자세	체격이 바르고 팔과 다리가 곧음, 근육이 잘 발달	어깨가 처지고 빈약하며 몸이 굽음	칼슘, 단백질, 비타민D·C, 에너지
목	갑상선이 비대하지 않음	갑상선이 비대	요오드
근육	근육이 잘 발달되어 있고 색이 건강함. 피부 밑에 지방이 어느 정도 있음	근육이 연약하며 무기력해 보임. 부종, 관절통	단백질
신경계	주의력이 좋고 침착함. 반사작용이 정상적이며 정서적으로 안정됨	주의가 산만함, 손발 자각이상, 근육이 약함(심하면 걷지 못함), 경련, 반사상실, 팔다리 떨림	티아민, 칼슘, 마그네슘, 비타민 B_{12}
소화계	식욕과 소화기능이 좋음. 규칙적으로 배설, 만져지는 혹 같은 것이 없음.	식욕감퇴, 변비, 설사, 간·지라 비대, 복부팽만, 복수	티아민, 비타민 A, 단백질, 나이아신
순환계	맥박과 혈압이 정상	맥박이 너무 빠름(100/분 이상), 심장이 비대함, 맥박이 비정상임, 고혈압	티아민
모발	윤기가 흐르며 단단하고 잘 뽑히지 않음, 머리 밑 피부가 건강함	윤기가 없고 건조, 가늘고 잘 빠짐, 변색	단백질, 에너지

신체	영양이 좋은 상태	영양 장애 증후	관련 영양소
피부	부드럽고 약간 촉촉하며 색이 좋음	각질화(keratosis), 창백함, 변색, 염증, 멍이 있음, 박편피부염(flaking dermatitis)	엽산, 철분, 비타민 A·C·B_{12}, 리보플라빈, 나이아신, 단백질, 에너지
안면	피부색이 고르며 부드러움, 건강해 보이며 붓지 않음	뺨 위나 눈 밑의 피부가 검고, 코와 입 주위 피부가 벗겨지거나 부스럼 같은 것이 있음	철분, 리보플라빈
입술	부드럽고 빛깔이 좋음, 터지거나 붓지 않고 촉촉함	건조해 껍질이 벗겨지고 부어 있음, 구각염, 구각반흔, 피가 잘 남, 염증, 잇몸이 가라앉음	리보플라빈
구강 내 잇몸	점막이 보기 좋은 붉은색이 도는 분홍색, 붓거나 피가 나지 않음	붓고 구멍이 있음, 피가 잘나며 붉은기가 적음, 염증이 있고 잇몸이 가라앉음, 설염, 구순구각염, 미각감퇴증	리보플라빈, 나이아신, 엽산, 비타민 C·B_{12}
혀	붓거나 너무 반반하지 않음, 상처가 없고 표면이 오돌도돌함	붓고 주황색, 혀의 돌기가 충혈되거나 비대하거나 크기가 작음, 혀가 갈라지거나 위축	리보플라빈, 나이아신, 비타민B_{12}
치아	충치와 통증이 없음, 이가 고르며 반짝임	충치, 이가 빠짐, 표면이 닳음, 위치가 고르지 않음, 반점이 생김	불소
눈	맑고 반짝임, 눈가가 붓지 않고 건강한 분홍색을 띰, 피곤한 기가 없음	눈가에 핏발이 생김, 건조, 염증, 눈동자가 흐릿하고 연함, 야맹증, 결막충혈	비타민 A·B_6, 리보플라빈, 철분
손톱	윤기가 있고 연분홍색	스푼형, 횡행선	철분, 단백질

2. 식사섭취 조사

1) 식품 섭취량 알아보기

식사섭취 조사는 개인이나 집단의 식품이나 음식 섭취량을 조사하여 평가하는 것으로, 연령별 지역별 및 특정한 상태에 있는 사람을 대상으로 식사섭취 조사를 실시하는 것이다. 또한 식사와 건강 및 질병에 미치는 영향을 알아보는 등 여러 가지 목적을 위해 실시한다. 식사 조사 목적에 따라 자료 수집 방법이 달라진다.

① 회상법(recall method) : 식품섭취량을 알기 위해 가장 많이 사용하는 방법이다. 본인이나 조사자가 조사대상자를 만나거나 전화를 이용하고, 설문지를 통해 일정기간(6시간, 24시간, 72시간) 동안에 섭취한 식품의 종류와 양을 기억에 의해 목측량으로 기록하고 이를 실측량으로 바꾸어 식품분석표에 의해 영양섭취량을 산정하는 방법이다.

② 섭취 빈도 조사(food frequency) : 특정한 식품의 목록을 만들고 하루, 일주일, 한 달 단위로 얼마나 자주 먹는지를 조사하는 방법으로 영양섭취의 전체적인 균형을 알 수 있다.

③ 식사력 조사(diet history) : 비교적 장기간의 식사 형태를 조사할 때 사용하는 방법이다.

영양밀도지수

영양밀도지수(INQ, index of nutritional quqlity)는 식사의 질과 적절성을 알아보기 위한 지수이다. 섭취량이 권장량의 75% 이하이면 그 영양소가 충분하지 않다고 본다. 정상인인 경우 INQ=1 이상이다.

$$INQ = \frac{1{,}000\text{㎉ 식사에 함유된 영양소 함량}}{1{,}000\text{㎉당 영양소 권장량}}$$

[표 5-8] 식사일지(회상법)

식사	시간	장소	누구와	음식	재료	분량·중량(g)
아침	07:00	집	부모	쌀밥 된장찌개 멸치조림 김치	쌀밥	1공기
					두부	5쪽
					양파	3쪽
					된장	1/2큰술
					멸치	2마리
					간장	1/2큰술
					배추김치	10쪽
점심	12:00	학교	친구	카레라이스 배추김치	밥	1공기
					돼지고기	30g
					감자	중 1/2개
					당근	중 1/3개
					양파	중 1/4개
					식용유	1큰술
					카레가루	1큰술
저녁	19:00	집	엄마	쌀밥 된장찌개 배추김치 고등어조림	쌀밥	1공기
					고등어	1/2토막
					두부	5쪽
					된장	1/2큰술
					배추김치	10쪽
					멸치	2마리
					양파	3쪽

식습관 자가진단

• 일주일 동안의 섭취일 수(해당란에 표시함)
0~2일(0점), 3~5일(0.5점), 6~7일(1점)

① 아침은 매일 규칙적으로 먹는다.
② 식사는 언제나 적당하게 먹는다.
③ 식사를 할 때는 식품의 배합을 생각해서 먹는다.
④ 당근이나 시금치 등의 녹황색 채소를 매일 먹는다(김치는 제외).
⑤ 과일을 매일 먹는다.
⑥ 야채류를 매일 먹는다(녹황색 채소 제외).
⑦ 하루에 한 번 고기·생선·달걀·콩 제품 중 한 가지 이상을 먹는다.
⑧ 우유나 유제품을 매일 먹는다.
⑨ 미역·생미역·파래·김 등의 해조류를 매일 먹는다.
⑩ 기름을 넣고 조리한 음식을 매일 먹는다.

• 평가방법 : 매우 양호(10~8.5), 양호(8~6.5), 보통(6~4.5), 불량(4.5 이하)

[그림 5-3] 식습관 자가진단표

영양상태 평가를 할 수 있는 인터넷 사이트

▶ http://www.dietnet.or.kr(대한지역사회영양학회)
▶ http://www.dietitian.or.kr(대한영양사협회)
▶ http://www.gooddiet.com(식생활정보센터)

[표 5-9] 식품섭취 빈도 조사법

음식명		분량	거의 안먹음	월 1~3회	주 1~3회	주 4~6회	일 1~2회	일 3~4회
곡류	쌀밥	1공기						
	잡곡밥	1공기						
	국수	1그릇						
	빵	1쪽						
	떡류	3쪽						
두류, 서류	된장	1큰술						
	두부	1/5모						
	콩류	2큰술						
	감자	1개						
	고구마	1개						
육류, 난류	쇠고기	4~5개						
	닭다리	1개						
	돼지고기	4~5점						
	달걀	1개(50g)						

[표 5-10] 식사 균형도

영양소	식품류	식 품	점 수 기본점수	식품점수
단백질	고기류, 생선류	닭고기, 돼지고기, 소고기, 소시지, 햄 등 훈제품, 민물고기, 굴, 조개, 어묵 등	10	5
	알류	달걀, 오리알, 메추리알 등		5
	콩류 및 콩제품	콩, 두부, 비지, 두류, 된장, 청국장 등		4
칼슘	우유류	우유, 양우유, 분유, 치즈, 요구르트 등	10	5
	소어류	멸치, 뱅어포, 잔새우, 미꾸라지, 앙미리, 사골 등		4
비타민 및 무기질	녹황색 채소류, 해조류	시금치, 당근, 깻잎, 고추, 상추, 쑥갓 등 미역, 김, 다시마, 파래	10	5
	담색 채소류, 버섯류	무, 배추, 오이, 호박, 파, 양파 등 콩나물, 버섯		2
	과일류	사과, 감, 배, 복숭아, 귤, 포도, 살구, 자두, 토마토, 참외, 수박, 딸기, 대추 등		4
당질	쌀	쌀, 찹쌀 등	10	3
	잡곡류	보리쌀, 밀가루, 옥수수, 국수, 빵, 떡, 라면 등		3
	감자류	감자, 고구마, 당면, 토란, 도토리 등		3
지방	기름류	참기름, 들기름, 콩기름, 옥수수기름, 쇼트닝, 마요네즈, 마가린, 버터 등	10	4
	종실류	참깨, 들깨, 호두, 잣, 땅콩 등		3
합 계				

- 각 식품군별로 1가지 이상을 먹었을 때는 10점을 주고, 여기에 먹은 식품의 점수를 더한 다음 끼니별로 더한다.
- 75점 이상은 균형적인 식사, 50~74점은 개선할 필요가 있음, 49점 이하는 많이 개선해야 한다는 뜻이다.

3. 우리나라 식사구성안

1) 식사구성안을 위한 단위설정

식사구성안은 균형 잡힌 식사를 하는데 도움을 주기 위해 고안했으며, 우리가 주로 먹는 식품을 6가지 식품군으로 구성했다.

2) 하루 식사의 식품구성(권장 식사 패턴)

① 식사구성안은 각 식품군의 1회분 섭취량을 결정하여 하루에 섭취해야 할 횟수를 제시한 것으로 각 식품군별 하루 섭취단위는 표와 같다. 어린이와 성인의 음식 섭취 양상이 다르고, 우유·유제품을 2회 사용하는 것을 기준으로 했으며(A타입) 성인은 1회 사용하는 것을 기준으로 했다(B타입).

[표 5-11] 하루 식사의 식품구성 권장패턴

	어린이·청소년(A타입)					성인(B타입)			
	1,400A	1,600A	1,800A	2,000A	2,600A	1,600A	1,900A	2,000A	2,400A
대상 (나이)	3~5 유아	6~11		12~18		19~64		65 이상	
		여	남	여	남	여	남	여	남
곡류	2	2.5	3	3	4	3	4	3	3.5
고기·생선 달걀·콩류	3	3	3	4	6	4	5	2.5	4
채소류	5	5	5	7	7	7	7	5	7
과일류	1	1	1	7	2	2	3	1	1
우유 유제품류	2	2	2	2	2	1	1	1	1
유지·당류	2	3	3	4	6	4	5	3	4

[표 5-12] 20대 남자의 하루 식사구성안(2,200㎉)

영양소	아침	점심	저녁	간식	합
곡류·전분류	1	1.5	1	0.5	4
고기·생선·달걀·콩류	1	1	1	-	4
채소류	0.5	1.0	1.0	-	2.5
과일류	0.5	0.5	0.5	-	2.0
우유·유제품	1	-	-	-	1
유지·당류	1	1	2	1	5
식단 내용	식빵 2쪽 샐러드(감자 1개, 오이 1/3개, 마요네스 1작은술) 찐달걀 1개 오렌지 1/2개 우유 200ml	콩밥 1공기 소고기미역국 두부조림 잡채(당면, 시금치, 돼지고기, 목이버섯) 배추김치	밥 1공기 된장찌개 꽁치구이 2토막 호박전 3개 상추겉절이 열무김치	쿠키 1개 사과 1개 아이스크림 1개	

② 각 개인에게 필요한 에너지와 영양소의 양은 연령이나 성별에 따라 다르므로 식사도 다르게 구성해야 한다.

③ 특히 생애 주기에 따라 변하는 주요 영양소 권장량을 잘 충족시킬 수 있도록 다양한 식품을 섭취해야 한다.

④ 각 식품별 하루 섭취단위를 이용한 2,200㎉를 기준한 20대 성인남자의 식단의 예는 아래와 같이 구성할 수 있다.

3) 영양권장량

영양권장량이란 연령별·성별·상태별로 각 영양소의 최적수준을 권장하는 것을 말한다. 여기에 일상생활의 활동 강도 등을 고려해서 영양소를 섭취해야 한다.

(1) 영양섭취 기준

2010년에 개정·발표한 한국인 영양섭취 기준은 질병이 없는 대다수의 한국 사람들이 건강을 최적상태로 유지하고 질병을 예방하는데 도움이 되도록 필요한 영양소 섭취 수준을 제시하는 기준이다. 영양섭취기준(Dietary Reference Intakes : DRIs)은 평균 필요량(Estimated Average Requirements : EAR), 권장 섭취량(Recommended Nutrition Intake : RNI), 충분 섭취량(Adequate Intake : AI), 상한 섭취량(Tolerable Upper Intake Level : UL) 4가지로 구성되어 있다.

① 평균 필요량(EAR)은 대상 집단을 구성하는 건강한 사람들의 절반에 해당하는 사람들의 하루 필요량을 충족시키는 값이다.

② 권장 섭취량(RNI)은 성별 연령군별 거의 모든(97~98%) 건강한 인구집단의 영양소 필요량을 충족시키는 섭취량 추정치이며 평균 필요량에 표준편차의 2배를 더하여 정한다. 권장섭취량(RNI)=평균필요량(EAR)+표준편차의 2배(2SD)

③ 충분 섭취량(AI)은 영양소 필요량에 대한 정확한 자료가 부족하거나 필요량의 중앙값과 표준편차를 구하기가 어려워 권장섭취량을 산출할 수 없는 경우에 제시한다. 주로 역학조사에서 관찰된 건강한 사람들의 영양소 섭취량의

현명한 외식 방법

① 외식 때도 자신에게 필요한 열량과 영양에 맞는 종류와 분량을 조절한다.

② 외식할 때 부족한 식품군은 다른 끼니에서 보충한다.

③ 다양한 식품으로 된 메뉴를 선택한다. 예를 들어 설렁탕이나 칼국수 같은 한 가지 음식보다 백반이나 비빔밥 같이 여러 가지 재료가 들어간 음식을 선택한다.

④ 외식할 때마다 메뉴를 다양하게 바꾸어 늘 같은 음식을 먹지 않도록 한다.

⑤ 지나치게 자극적이거나 짜거나 단 음식은 피한다.

[그림 5-4] 우리나라의 식품 자전거와 미국의 식품 피라미드

중앙값을 기준으로 정하게 된다.

④ 상한 섭취량(UL)은 인체 건강에 유해영향이 나타나지 않는 최대 영양소 섭취 수준을 나타낸다. 너무 많이 섭취하면 건강에 악영향의 위험이 있다는 자료가 있는 경우에 설정이 가능하다.

(2) 우리나라의 식품 구성 자전거

식품 구성 자전거는 운동을 권장하려고 자전거 이미지를 사용했다. 자전거 바퀴 모양을 이용하여 6가지의 식품군에 권장식사패턴의 섭취 횟수와 분량에 비례하도록 면적을 배분하고, 또 하나의 바퀴에 물잔 이미지를 삽입하여 수분의 중요성을 상징화했다. 식사 모형의 이름은 식품 구성 자전거(Food balance wheels)로 하며, 식품군의 상징 색은 미국 피라미드의 식품군과 같게 하여 국제적인 영양교육의 통일성에 기여하고자 했다.

[표 5-13] 한국인의 영양섭취 기준(2010년)

나이		체중 (kg)	신장 (cm)	필요 에너지 (㎉)	단백질(g)		비타민A(μg RE)			비타민D(μg)		비타민E(㎎,α-TE)	
					EAI	RNI	EAI	RNI	UL	AI	UL	AI	UL
영아	0~5	6.2	60.3	550	-	-	-	-	600	5	25	3	-
	6~11	8.9	72.2	700	9.8	13.5	-	-	600	5	25	4	-
소아	1~2	12.2	86.1	1000	12	15	200	300	600	5	60	5	100
	3~5	17.2	107	1400	15	20	230	300	700	5	60	6	140
남자	6~8	25.0	122.2	1600	20	25	300	400	1100	5	60	8	200
	9~11	35.7	139.6	1900	30	35	390	500	1500	5	60	9	280
	12~14	50.5	158.8	2400	40	50	510	700	2100	5	60	10	380
	15~19	62.1	171.4	2700	45	55	590	850	2400	5	60	12	430
	20~29	65.8	173	2600	45	55	540	750	3000	5	60	12	540
	30~49	63.6	170	2400	45	55	520	750	3000	5	60	12	540
	50~64	60.6	166	2200	40	50	500	700	3000	10	60	12	540
	65~74	59.2	164	2000	40	50	490	700	3000	10	60	12	540
	75이상	59.2	164	2000	40	50	490	700	3000	10	60	12	540
여자	6~8	24.6	121	1500	20	25	280	400	1100	5	60	7	200
	9~11	34.8	140	1700	30	35	370	500	1500	5	60	8	280
	12~14	47.5	155.9	2000	40	45	470	650	2100	5	60	9	380
	15~19	53.4	160	2000	40	45	440	600	2400	5	60	10	430
	20~29	56.3	160	2100	40	50	460	650	3000	5	60	10	540
	30~49	54.2	157	1900	35	45	450	650	3000	5	60	10	540
	50~64	52.2	154	1800	35	45	430	600	3000	10	60	10	540
	65~74	50.2	151	1600	35	45	410	600	3000	10	60	10	540
	75이상	50.2	151	1600	35	45	410	600	3000	10	60	10	540
임신부		-	-	+0/+340/+450	+0/+12/+25	+0/+15/+32	+50	+70	3000	+5	+60	+0	540
수유부		-	-	+320	+20	+25	+350	+490	3000	+5	+60	+3	540

• RI : 권장섭취량(Recommended Intake) • UL : 상한섭취량(Tolerable Upper Intake Level)

• 출처 : 한국영양학회 2010년 한국인 영양섭취기준 개정판

4. 식품군별 대표 식품

1) 곡류

각 식품의 1인 1회 분량은 평균 300㎉이다.

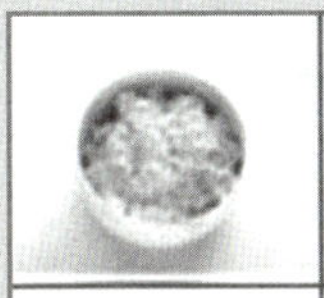					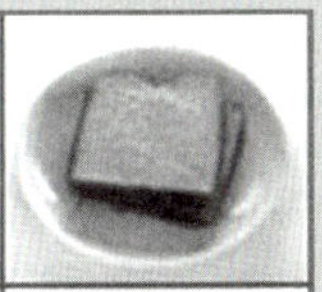
밥 1공기 (210 g)	백미 (90g)	국수 1대접 (건면100g)	냉면국수 1대접 (건면100g)	떡국용떡 1인분 (130g)	식빵 2쪽 (100 g)

분류	식품	분량(g)	비고	횟수
곡류	쌀, 보리쌀, 찹쌀, 현미, 혼합잡곡	90	1공기	1
	쌀밥, 보리밥	210		1
면류	삶은 면	300	1대접	1
	우동·칼국수 등의 생면	200	국수 묶음 두께 2.5cm	1
	건면-국수용	100		1
	냉면국수, 메밀국수	100		1
떡류	떡국용 흰떡	130	1컵(썬 것)	1
	찹쌀떡, 시루떡	130		1
빵류	식빵, 빵류	100	큰 것 2쪽, 1개	1
시리얼류	콘프레이크 등	40		0.5
감자류	감자	130	중 1개	0.5
	고구마	130	중 1/2	0.5
기타	메밀묵	200	큰 것 5개	0.5
	밤	100		0.5

2) 고기·생선·달걀·콩류

각 식품의 1인 1회 분량은 평균 100㎉이고, 단백질은 10g이다.

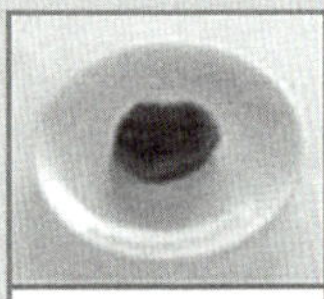	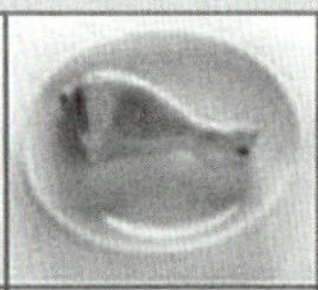	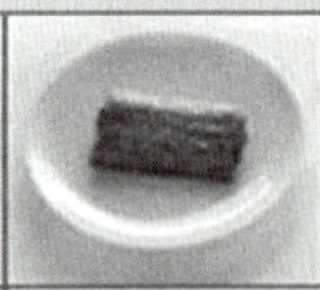	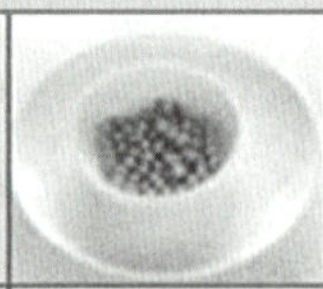	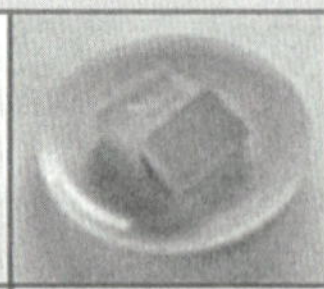	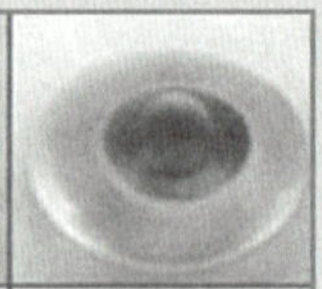
육류 1접시 (생 60g)	닭고기 1조각 (생 60g)	생선 1토막 (생 60g)	콩 (20g)	두부 2조각 (80g)	달걀 1개 (60g)

분류	식품	분량(g)	비고	횟수
육류	쇠고기	60		1
	돼지고기	60		1
	닭고기	60		1
	햄	60		1
어패류	갈치, 삼치, 꽁치	80		1
	생굴, 조갯살, 꽃게	80	작은 것 1토막	1
	오징어, 낙지, 새우	80		1
	마른 멸치·조기·오징어	15		1
난류	달걀, 메추리알	60	달걀(중) 1개, 메추리알 5개	1
콩류	검정콩, 대두	20		1
	두부	80		1
견과류	두유	200		1
	땅콩	10		0.5
	깨	10	15알 내외, 1스푼	0.5
	호두	10		0.5

3) 채소류

각 식품의 1인 1회 분량은 평균 15㎉이고, 생채소류 약 70g이다.

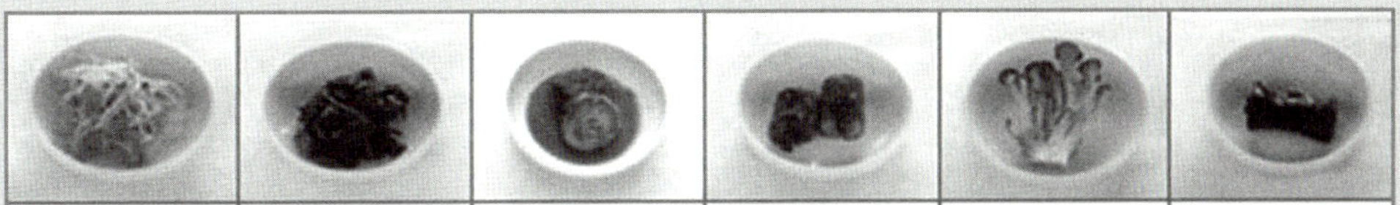

콩나물 1접시 (생70g)	시금치나물 1접시(생70g)	배추김치 1접시 (생40g)	오이소박이 1접시 (생60g)	버섯 1접시 (생30g)	물미역 1접시 (생30g)

분류	식품	분량(g)	비고	횟수
채소류	고구마 줄기, 고사리, 시금치, 풋고추, 근대, 깻잎, 무청	70	1접시	1
	가지, 당근, 늙은 호박	60	1접시	1
	나박김치, 오이소박이, 동치미	40	1접시	1
	우엉, 도라지, 파김치	25	1접시	1
해조류	마늘	1	1접시	1
	다시마, 미역, 파래(생것)	30	1접시	1
	김	2	1접시	1
버섯류	느타리, 양송이, 팽이, 표고(생것)	30	1접시	1

4) 과일류

각 식품의 1인 1회 분량은 평균 50㎉이다.

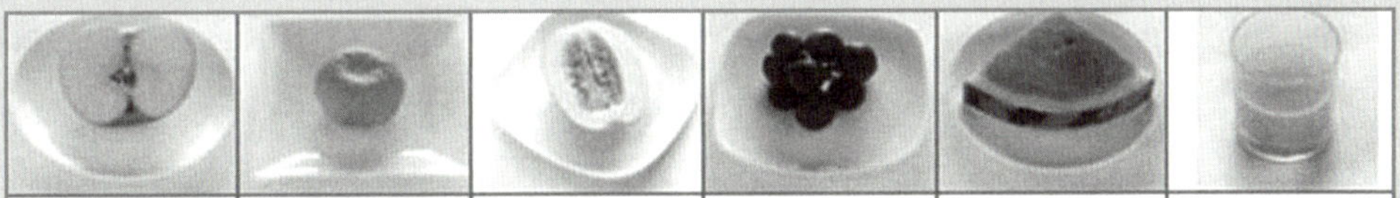

사과(중) 1/2개 (100g)	귤(중) 1개 (100g)	참외(중) 1/2개 (200g)	포도 1/3송이 (100g)	수박 1쪽 (200g)	오렌지주스 1/2컵(100ml)

분류	식품	분량(g)	비고	횟수
생과일	딸기, 수박, 참외, 귤, 감, 바나나, 망고, 키위, 사과, 배, 복숭아, 오렌지, 포도, 파인애플	100	딸기 10개 귤 1개(중) 사과 1/2(중)	1
주스류	오렌지·귤·사과·포도 주스	100		1

5) 우유·유제품류

각 식품의 1인 1회 분량은 평균 125㎉이고, 우유 1잔에 해당하는 기준이다.

우유 1컵 (200ml)	치즈 1장 (20g)	호상요구르트 1/2 컵 (100g)	액상요구르트 3/4컵(150g)	아이스크림 1/2컵 (100g)

분류	식품	분량(g)	비고	횟수
우유	우유	200		1
유제품	치즈	20	1장	0.5
	요구르트(호상)	100	1/2컵(1개)	1
	요구르트(호상)	150	3/4컵(1개)	1
	아이스크림		1/2컵(1개)	1

6) 유지·당류

각 식품의 1인 1회 분량은 평균 45㎉이다. 유지류는 5g, 당류는 10g에 해당한다.

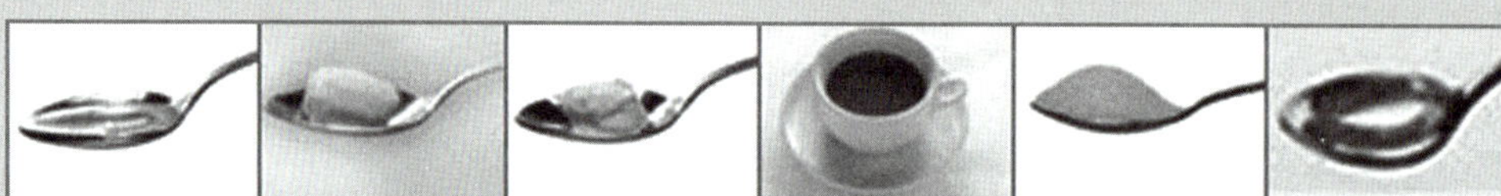

식용유 1작은술(5g)	버터 1작은술 (5g)	마요네즈 1작은술(5g)	커피믹스 1회 (12g)	설탕 1큰술 (10g)	꿀 1큰술 (10g)

분류	식품	분량(g)	비고	횟수
유지류	버터, 마요네즈, 커피프림, 참기름, 콩기름, 들기름, 옥수수기름	5	1작은술	1
	커피믹스	12	1봉	1
당류	꿀, 설탕, 당밀, 시럽, 사탕	10	1큰술	1

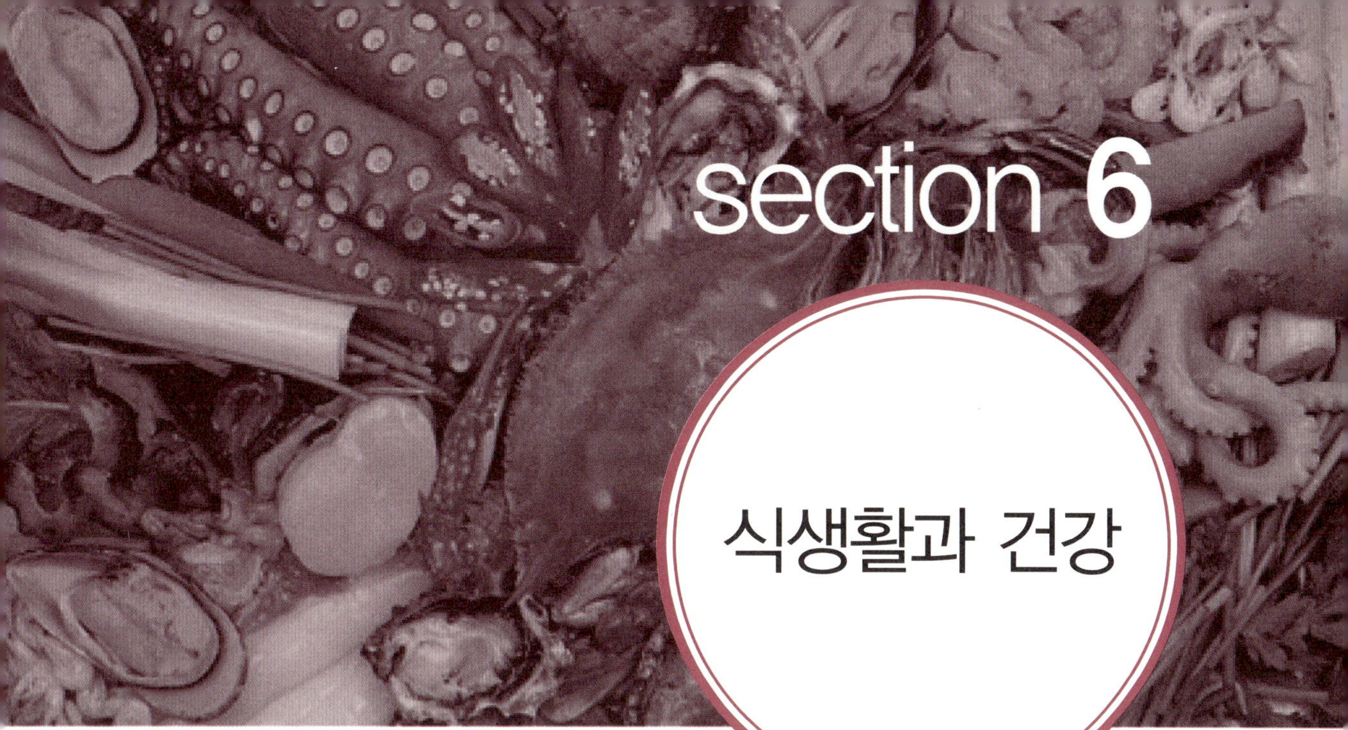

section 6

식생활과 건강

세계보건기구는 비만을 21세기 신종 전염병으로 지목했다. 세계에서 과체중과 비만으로 인한 심장질환을 앓는 환자는 연간 1,700만으로 추산되는데 전염병을 제치고 가장 위험한 질병으로 대두되었다. 게다가 비만은 선진국뿐 아니라 신흥국으로 퍼지는 실정이며, 이로 인한 보건의료비 상승 등의 사회적, 경제적 비용을 강요하고 있다. 비만이란 지방조직에 지방이 과다하게 쌓여 앞으로 건강을 해칠 수 있는 상태를 말하는데, WHO는 이를 판단하는 기준으로 체질량지수(BMI)를 사용했다. 우리나라에서는 대한비만학회에서 한국인의 특성을 고려하여 BMI〉25 이상을 비만으로 정의했다.

미국은 2011년 현재 성인의 68%인 약 2억 1000만이 과체중이나 비만인 것으로 나타났고, 어린이의 비만율도 심각해서 2008년에는 이미 19.6%를 기록했다. 3명 중 1명은 과체중이나 비만이고, 성인 비만율의 상승처럼 20여 년간 급격히 상승했다.

우리나라는 날씬한 나라에 속하나 경제 발달, 지방 섭취량 증가, 교통수단 발달, 생활방식의 변화 등으로 지난 10년간 약 1.5배 증가했다. 특히 중년(40~60세) 남자는 과체중 이상의 비율이 40%를 넘었다.

[표 6-1] 한국의 성별·연령별 비만실태(BMI 25 이상인 인구비율)

연도	1998년		2005년		2010년		CAGR	
성별	남자	여자	남자	여자	남자	여자	남자	여자
전체	25.1	26.2	34.7	27.3	36.3	24.8	3.1	-0.5
30~39세	28.4	20.9	38.1	19.0	42.3	19.0	3.4	-0.8
40~49세	33.3	29.8	41.1	29.0	41.2	26.7	1.8	-0.9
50~59세	28.3	42.7	41.0	43.1	36.8	33.8	2.2	-1.9
60~69세	20.0	38.6	31.0	47.1	37.8	43.3	5.4	0.9
70세 이상	8.0	29.4	27.4	34.0	24.5	34.4	9.7	1.3

• CGAR : 연평균 성장률(%) • 자료 : 보건복지부 국민건강통계 근거

[표 6-2] 비만과 성인병 위험도

확률 변화	관련 질환
3배 증가	인슈린 의존성 당뇨병, 담낭질환, 고지혈증, 수면 무호흡증(수면 중 급사 원인)
2~3배 증가	관상동맥성 심장질환, 중풍, 고혈압, 무릎 관절염, 고요산혈증, 통풍, 신장질환
1~2배 증가	생식기 호르몬 이상, 요통, 암 발생률 증가(남자는 대장암·직장암·전립선암, 여자는 담낭암·자궁내막암·유방암·자궁경부암), 남자 불임, 골관절염, 급사, 출혈성 심장마비, 고중성지방혈증 증가

• 신체 질량 지수가 25 이상일 때 정상인과 비교한 확률의 변화

1. 에너지 균형과 비만

① 비만은 체중이 적정수준보다 과다한 상태로, 체지방이 과다한 것을 말한다. 근육량이나 골량이 많아 체중이 많이 나가는 것은 비만이라고 하지 않는다.

② 세계보건기구는 비만치료에 대한 개념을 '비만한 사람의 체중이 바람직한 체중으로 감소되고 그 상태가 적어도 5년간 유지되는 것'이라고 정의했다. 그러나 치료 성공률이 암 치유율보다 낮다.

③ 비만치료의 가장 큰 문제는 요요현상으로, 감량 후 일정기간이 지나면 예전의 체중으로 돌아가거나 살이 더 찌는 현상을 말한다.

④ 에너지 섭취량과 소모량이 균형을 이루어야 체중을 유지할 수 있다.

⑤ 에너지 대사의 불균형은 신체의 구성을 변화시킬 뿐 아니라 신체의 기능을 감소시켜 생활의 질을 떨어뜨린다.

⑥ 지방은 같은 수준의 열량을 탄수화물로 섭취할 때보다 더 살이 찌게 만든다. 그 이유는 탄수화물로부터 체지방을 합성하는데 필요한 에너지 비용이 24%로 높은 반면 음식물의 지방은 2%에 불과하기 때문이다.

⑦ 따라서 고지방식은 체지방을 늘리고, 고탄수화물식은 쉽게 이용할 수 있는 에너지를 공급해준다.

1) 인체의 에너지 소모량

① 기초대사량, 활동대사량, 특이동적대사량이 포함된다.

- 기초대사량 : 남자 1㎉/hour/kg, 여자 0.9㎉/hour/kg

② 기초대사량을 구하는 공식은 아래와 같다.

- 남자 : 66.47+(13.75×체중)+(5×키)−(6.76×나이)
- 여자 : 655.1+(9.56×체중)+(1.85×키)−(4.68×나이)

과식이나 추위 등 특별한 경우가 아니면 특이동적대사량은 무시해도 좋다.

[표 6-3] 에너지 대사의 불균형이 신체에 미치는 영향

섭취량〈소모량	음 에너지 대사	음 에너지 대사
체성분 변화	수분·체지방·체단백 손실	주로 체지방 축적
건강에 미치는 영향	의욕 상실, 면역 기능 약화, 성장 지연(영구적일 수도 있음)	고혈압 등 심혈관계질환, 당뇨병, 임신 합병증

나의 하루 필요한 에너지양 구하기

에너지의 균형을 맞추려면 하루에 에너지를 얼마나 소모하는지를 알아야 한다. 하루 에너지 필요량을 구하는 방법을 알아보자.

1. 24시간 활동한 내용과 시간을 기록한다.
2. 아래의 예에서 활동 정도가 비슷한 것을 찾아 활동계수를 구한다.
3. 활동한 시간을 곱하여 24시간 동안의 활동계수의 합을 계산한다.

수면	6시간×0.9[1)]=5.2	걷기	1시간×3.1=3.1
식사	2시간×1.4=2.8	설거지	1시간×1.7=1.7
공부	8시간×1.2=9.6	조깅	1시간×7.0=7.0
운전	2시간×1.5=3.0	독서	2시간×1.2=2.4
담화	1시간×1.2=1.2		

총 24시간 : 36.0

4. 하루 총에너지 필요량 =1.0[2)]×65[3)]×36.0[4)]×1.1[5)]=2574.0[6)]㎉
   1) 표에서 구한 각 활동에 대한 활동계수
   2) ㎉/시간/kg : 남자 1.0, 여자 0.9
   3) 체중, kg
   4) 활동계수의 합
   5) 식품 이용을 위한 에너지 소모량(총에너지 섭취량의 약 10% 가산)
   6) 총에너지 필요량

[표 6-4] 에너지 대사의 불균형과 신체에 미치는 영향

구 성	정 의	총칼로리	증가와 감소
기초대사량	생명유지에 필요한 최소한의 에너지(심장박동, 호흡, 체온유지 등)	60~70%	연령·성별·체질·계절·호르몬 분비 등에 따라 다름
활동대사량	일상의 육체활동에 사용하는 에너지	활동량에 따라 다름 (20~30%)	운동량·노동량·체중이 증가할수록 증가
특이동적 대사량	음식의 소화·흡수·대사에 필요한 에너지	섭취열량의 5~10%	지방질 5%, 당질 6%, 단백질 30%, 혼합식 10% 정도

[표 6-5] 각 활동에 대한 활동계수

활 동	(기초대사량 + 활동대사량) / 기초대사량
수면	0.9
독서, 글쓰기, 휴식, 앉아서 담화	1.2
서서 담화	1.3
식사	1.4
세면, 배변, 재봉, 악기 연주, 운전	1.5
책상 사무	1.6
설거지	1.7
전화, 버스에서 서 있기	2.0
산책, 다리미질	2.5
취사	2.6
전기청소기	2.7
통학, 통근, 배구	3.1
손빨래	3.2
볼링	3.5
자전거(보통 속도)	3.6
걸레질	4.5
에어로빅 댄스	5.0
골프, 탁구	6.0
스키, 배구, 배드민턴, 조깅, 등산	7.0
축구, 럭비, 테니스, 스케이트	8.0
수영	9.0

• 자료 : 일본 후생성(일본인의 영양 소요량)

2) 비만의 원인

비만의 원인은 기본적으로 에너지 섭취가 사용량보다 많아서이지만 그 원인은 유전적·환경적·심리적·병적 요인 등 복잡하다. 즉 복잡한 사회·경제·문화·물리적 환경변화의 장기누적으로 초래되는 것이 비만이다.

① 유전적 요인 : 조사에 의하면 부모가 정상체중일 때 아이가 비만이 될 확률은 10%, 한쪽 부모가 비만일 때는 50%, 양쪽 부모가 모두 비만일 때는 80%라고 한다. 이러한 현상은 유전적인 요인도 있으나 가족은 음식이나 생활 습관이 비슷하기 때문에 부모가 비만이면 아이들도 그럴 가능성이 높아진다.

② 과다한 열량섭취 : 소모하는 열량보다 많이 섭취하면 남는 것은 지방으로 축적된다. 특히 탄수화물을 많이 먹으면 인슈린의 분비를 촉진시키고, 인슈린은 다시 지방의 합성과 저장을 촉진시킨다.

③ 운동부족 : 적절한 운동을 해야 에너지 섭취와 소비의 균형을 이룰 수 있다.

④ 스트레스와 생활환경 : 스트레스를 받으면 과식을 하게 되고 그 결과 살이 찐다. 잦은 외식이나 연회 등 음식이 풍부한 환경도 비만과 관계가 있다. 재난이나 전쟁 중에 비만 여자가 늘어난다는 조사도 있다.

⑤ 식습관 : 식사량이나 식사의 빈도도 비만에 영향을 준다. 예를 들어 하루에 2~3회 폭식한다면 같은 양을 5~6회로 나누어 먹을 때보다 살이 더 찐다. 또 음식을 먹는 속도가 빠른 사람이 그렇지 않은 사람보다 살이 더 잘 찐다.

경제력과 비만의 관계

과거에는 부유한 계층이 비만율이 높고 빈곤계층은 저체중 경향이 높았으나 20세기 후반부터 반대가 되었다. 예를 들어 인구 40%가 빈곤층인 멕시코는 성인 62%가 비만이다. 저축액이 많고 집의 가치가 높을수록 BMI가 낮아지는 음의 상관관계가 있다. 그래서 경제위기나 사회적으로 스트레스가 높아질수록 비만율이 높아진다는 주장이 제기되었다.

[표 6-6] 비만의 종류

	종 류	특 성
원 인	단순성 속발성	95%가 단순 비만형이고 속발성은 유전성. 내분비 질환·신경 이상으로 발생
발생시기와 지방세포	유아 성인	유아는 지방세포 증식형이 많음. 성인 비만은 대부분 지방세포 비대형. 고도 비만은 지방세포 증식과 비대형이 병행해서 발생
지방조직 분포	상체비만 하체비만	상체 비만은 고혈압·당뇨병 등의 성인병 발생률을 높임. 지방세포가 커서 운동 등으로 쉽게 감소. 하체 비만은 성인병 유발률은 낮은 반면 지방세포수가 많기 때문에 체중조절이 어려움
지방의 위치	피하지방 내장지방	내장 지방형이 각종 성인병과 더 관계가 많음

⑥ 섬유질 부족 : 섬유질을 많이 먹으면 포만감을 빨리 느껴 양을 줄일 수 있고, 동시에 섬유질이 영양소 흡수를 막아 혈당의 농도가 낮아지고, 이로 인해 인슈린 분비가 줄어들어 지방질 합성 수준이 낮아진다.

⑦ 이 외에 유전·체질·병적인 원인(갑상선 기능저하, 내분비선 이상분비, 기타 질병)이 있다.

3) 비만의 종류

원인, 발생 시기, 지방조직 형태, 지방의 분포와 위치 등으로 나누는데 종류에 따라 건강에 미치는 영향과 치료의 난이도가 다르다.

4) 비만의 판정

① 일반 성인은 신체질량지수를 이용한다.

② 어린이와 청소년은 이상 체중 백분율을 이용한다. 한국 소아과학회에서 제시

한 신장별 체중표에서 50백분위 값을 이상 체중으로 하여 현재 체중을 나눈 값을 이상 체중 백분위율이라 하는데 120%를 초과하면 비만으로 판정한다.

③ 허리 둘레를 엉덩이 둘레로 나눈 값이 남자는 0.95 이상, 여자는 0.85 이상이면 복부비만으로 본다. 허리 둘레는 가장 가는 부위를, 엉덩이 둘레는 가장 굵은 부위를 잰다.

5) 비만의 치료

① 체지방을 줄여 체중을 감소시킨 뒤 체중을 유지하는 것이 비만을 치료하는 목적이다.

[표 6-7] 비만 치료 방법

구성 방법	특 징	방 법	비 고
식이요법	감량 속도 빠름	하루 3~4회 고르게 식사하되 섭취열량을 줄임	운동과 병행하지 않으면 요요현상, 초저열량식의 여러 가지 부작용이 따름
운동요법	근육의 증가로 기초대사량 증가, 다이어트로 스트레스와 우울증 해소, 요요현상 없음	하루에 30분~1시간 정도 걷기·뛰기·자전거 타기·수영 등 유산소 운동을 하며 식이요법 병행	식사요법과 병행하지 않으면 감량 속도가 느림
식습관과 행동교정	재발없음, 자기 통제와 사회심리 개선 가능	식습관을 포함한 행동습관을 검토해 비만의 원인이 되는 요소 교정	감량 효과가 더딤, 식사와 운동요법도 행동 수정의 일부
약물과 수술요법	비만으로 위험성이 큰 환자에 사용	식욕 억제제, 위장 절제	약물을 중단하면 요요현상과 약물 부작용, 수술에 따른 위험성

자신에게 맞는 운동의 강도를 정하는 방법

운동은 개인의 최대 심박수의 60~85%에서 하는 것이 좋은데 심박수의 기준은 다음과 같다. 심박수는 손목이나 목 옆의 맥박을 찾아 10초간 측정하고, 이 값에 6을 곱하여 분당 맥박수로 계산한다.

- 초보자 : (220−나이)×60%
- 중급자 : (220−나이)×70%
- 상급자 : (220−나이)×85%

② 개인마다 비만의 원인이 다르므로 치료하는 방법도 달라야 한다.

③ 식사요법·운동요법·행동수정 3가지 방법을 병행하는 것이 이상적이다.

(1) 식이요법

다이어트의 원칙은 다음과 같다.

① 하루 칼로리 섭취량을 다이어트 전의 2/3 수준으로 줄인다.

② 섭취 총열량은 제한하되 모든 영양소의 균형을 반드시 유지한다.

③ 1주에 약 0.5~1kg 정도씩 서서히 감량해서 부작용을 최소화한다.

④ 단백질 섭취량은 유지하고 지방과 탄수화물은 제한한다.

⑤ 다이어트 중에 변비가 오기 쉬운데 야채 등 섬유소가 많은 식품을 먹는다.

(2) 운동요법

① 운동의 종류·강도·빈도·지속시간을 고려한다.

② 운동의 종류는 개인의 적성과 신체 여건에 맞는 것을 택한다.

③ 즐겁고 편하게 할 수 있어야 지속적으로 할 수 있다.

④ 식이요법을 병행하지 않으면 실패할 확률이 높다.

⑤ 걷기·수영·자전거 타기·가벼운 등산 등 유산소 운동이 체중감량에 좋다.

⑥ 운동은 처음에는 약하게 시작해서 체력이 올라가면 서서히 올리되 땀이 약간

밸 정도가 적당하다.

⑦ 근육이 소실되는 것을 막으려면 근력운동을 함께하는 것이 좋다.

⑧ 운동 시간은 하루에 40~60분, 일주일에 4~6일 지속하며, 준비운동과 마무리 운동을 5~10분간 빠뜨리지 않고 한다.

⑨ 운동을 전혀 하지 않았던 고도비만 환자들은 먼저 식이요법으로 체중을 어느 정도 줄인 후 하는 것이 좋다.

(3) 행동수정

행동수정이란 비만의 원인이 되는 생활태도와 습관을 고치는 것이다. 요요현상을 막으려면 기본적으로 행동을 수정하고 개선한 생활습관을 지속해야 한다.

6) 심리적 섭식장애

식이행동과 관련된 이상 행동과 생각을 통틀어 말하며 신경성 식욕부진증, 신경성 과식증, 비만을 포함한다. 이 환자들은 체중이나 식욕이 변하는 다른 질환이 있는지 확인하고 적절한 치료방법을 선택해야 한다. 신경성 신경부진증은 뇌종양과 기타 암이나 만성질환에 의한 것인지 구분해야 하고, 비만은 갑상선 호르몬이나 인슈린 등 호르몬의 불균형이나 뇌병변 등의 신체적 질환 때문인지 구분해야 한다.

[표 6-8] 운동별 칼로리 소모량(60kg 여자, 30분 기준)

운동 종류	소모 칼로리(kcal)	운동 종류	소모 칼로리(kcal)
등산	240	줄넘기	140
에어로빅	158	보통 속도 걷기	92
계단 오르기	188	자전거	100
배드민턴	118	수영	260
조깅	250	조깅	65

[표 6-9] 밥 한 공기분 열량(약 300㎉)을 소모하기 위한 운동별 필요 시간

성 별	남 자		여 자	
몸무게	65kg	80kg	55kg	65kg
조 깅	35	30	45	40
자전거 타기	70	60	90	75
걷 기	100	85	130	110
수 영	30	25	35	30
에어로빅	50	45	65	55

[표 6-10] 심리적 섭식장애

	신경성 식욕부진증(거식증anorexia)	신경성 폭식증(대식증, bulimia)
취약 연령	10~30세 사춘기 소녀, 한국 여자 청소년층 0.5~1%	청소년기에서 성인 초기, 젊은 여자의 2~4%
원인	뇌의 구조와 기능 이상, 사회적·환경적 스트레스 요인	신경 전달물질 이상 등의 뇌기능 이상, 충동 조절 어려움 등의 심리적 요인
증상	심한 체중 감소, 비만에 대한 공포, 거식의 3대 증후	과식·폭식 후 구토나 하제·이뇨제 사용, 단식이나 지나친 운동 등으로 보상행동
식습관 특징	극도로 음식 섭취 제한	폭식과 장 비우기 교대 반복
현실 자각과 식행동의 원인	비만 공포심. 자신이 비만하다고 생각하며 자신의 행동이 비정상임을 부정	자신의 행동이 비정상임을 인정하고 폭식과 장 비우기를 비밀리에 함, 체중·체형에 대한 부적절한 자기 평가
치료법	식사조절, 인지행동치료, 정신과치료, 적절한 약물치료	인지행동치료, 영양교육, 정신과 치료

7) 저체중

2010년 기준으로 20대 여자의 저체중률은 1998년 12.4%에서 17.8%로 증가하고, 30대 여자는 4.1%에서 8.3%로 크게 증가하고, 40대 여자는 3.4%에 이르렀다.

① 저체중이란 적정체중보다 10~15% 부족하거나 신체질량지수가 20 미만을 말한다. 면역력이 약화되고 성장이 지연되며 소화 흡수력 감퇴하고 추위에 민감해지고 쉽게 피로해지며 감정이 민감해진다.

② 식사량 부족이나 질병 등이 원인인데 경제적으로 어려운 나라에서 흔하게 볼 수 있다. 선진국의 저체중은 스스로 섭취를 제한하거나 부적절한 식사, 결핵이나 갑상선 비대증 같은 소모성 질환, 신경성 식욕부진, 심리적인 스트레스 등이 원인이 되어 식사장애로 인한 결과로 나타나기도 한다.

③ 잘못된 미의식으로 인해 특히 젊은 여성들에게 증가하는 실정인데 이는 건강 문제로까지 야기된다. 피로, 무력감, 집중력 저하, 잦은 병치레, 골다공증, 무월경 등의 부작용을 초래할 수도 있다.

④ 식사요법으로 충분한 영양소를 섭취하고, 중량 운동과 유산소 운동으로 건강을 회복해야 한다.

⑤ 건강상 문제를 느끼지 않는다면 저체중은 특별히 염려할 문제는 아니다.

section 7

당뇨병과 영양

당뇨병(diabetes mellitus, DM)은 가장 흔한 내분비계 이상에 의해 발생하는 질환이다. 당뇨병은 인슈린이 충분히 만들어지지 못하거나 분비가 감소되거나 표적조직에서 인슈린의 작용이 떨어져 혈중 포도당이 세포내로 들어가지 못해 나타난다. 당뇨병은 우리나라에서 고혈압, 순환기 질환과 더불어 대표적인 성인질환으로 나이가 들수록 발병률이 증가해 성인의 약 10%인 200만 명 정도가 앓고 있다. 성인인구의 약 20%는 당뇨병 전 단계(향후 당뇨병 환자가 될 확률이 정상인의 7배)에 있다고 하며 당뇨병으로 인한 사망자 수가 해마다 증가하는 추세에 있다. 당뇨병은 유전과 환경의 복합적인 작용에 의해 나타나는데 유전적 소양이 있는 사람 중에서 비만·노화·임신·스트레스 등에 의해 당뇨병의 발병은 증가된다.

1. 당뇨병의 분류

(1) 인슈린 의존형(IDDM, Type I) 당뇨병

당뇨병 환자의 약 10%를 차지하며 대개 20세 이하의 어린이나 청소년이 걸리는 일이 있는데, 이를 인슈린 의존형 또는 소아형 당뇨병이라고 한다. 유전성이며 갑자기 발병하면서 진행속도가 빠른 것이 특징이다. 하루에 1~3회 인슈린을 투여해야만 정상적인 생활이 가능하다. 환자의 증상으로는 다뇨·다갈·다식 등 3다 증상이 나타나고 치료하지 않으면 심한 체중감소·탈수·구토가 오며 혼수에 이르기도 한다.

(2) 인슈린 비의존형(NIDDM,Type II) 당뇨병

성인성 당뇨라고도 하며 대부분 40~50대에 걸리는데 노화에 따른 운동부족과 비만이 주요원인이다. 췌장의 인슈린 분비는 정상이지만 비만·스트레스·임신 등 여러 이유로 인해 분비된 인슈린의 활성도가 떨어져 혈당을 처리하지 못해 발병되는 당뇨병이다. 천천히 진행되어 자신도 모르는 사이에 나타나는 경우가 많다. 인슈린을 투여하지 않고 식이요법과 운동요법으로 체중을 줄이면 50~80%는 치유된다. 인슈린 분비가 부족한 경우에는 경구용 혈당강하제의 병용으로 치료가 가능하다.

(3) 임신성 당뇨병(gestational diabetes)

임신 중에 발병했다가 출산 후에 없어지는 당뇨병인데 임신 후반기에 태반에서 여러 가지 호르몬이 분비되어 인슈린의 작용을 저해하여 발생하게 된다. 출산에 지장은 없으나 태아 사망률이 높아지므로 조기진단이 필요하다. 임신성 당뇨는 출산 후

[표 7-1] 당뇨병의 종류

	제1형 당뇨병 (인슈린 의존형, 소아형 당뇨)	제2형 당뇨병 (인슈린 비의존형, 성인형 당뇨)
발병 형태	갑자기 발병	서서히 발병
발생 빈도	당뇨병 환자의 10% 이내	당뇨병 환자의 90% 이상
인슈린 분비와 감수성	인슈린이 분비되지 않거나 부족	인슈린 분비 정상, 표적세포에서 인슈린 감수성 저하(인슈린 저항성 증가)
위험 인자	유전이나 감염, 자가면역으로 췌장의 베타세포 파괴	가족력, 연령, 비만, 운동부족, 임신, 스트레스, 중금속 오염, 약물 남용

대부분 없어지나 이들 임산부 중에서 30~40%는 5~10년 후에 성인성 당뇨병에 걸리는 경우가 있으므로 주의할 필요가 있다.

2. 당뇨병의 원인

당뇨병의 원인은 매우 다양해서 한마디로 말하기는 어려우나 보통은 여러 가지 원인 중 한 가지 또는 두 가지 이상이 복합적으로 작용하여 발생한다.

① 인슈린 부족 : 췌장의 랑거한스섬의 베타세포에서 인슈린을 적당하게 만들지 못하거나 생산한 인슈린이 제대로 작용하지 못하는 경우.

② 유전성 : 부모가 모두 당뇨병인 경우는 36~50%, 한쪽이 당뇨병인 경우는 25%가 조기에 발병한다.

③ 비만과 과식 및 운동부족 : 비만의 경우 과잉의 체지방이 인슈린 수용체의 수를 감소시키거나 감수성의 둔화로 인해 제대로 작용하지 못한다. 당뇨병 환자의 85%가 비만력이 있다. 또한 운동은 혈당을 떨어지게 한다.

④ 호르몬 이상 : 말단비대증·쿠싱증후군·갑상선기능항진 등의 호르몬 분비이상은 당뇨병 발병에 영향을 미친다.

⑤ 연령 : 나이가 들어감에 따라 내당능력이 감퇴된다.

3. 당뇨병의 증세

① 갈증으로 물을 많이 마신다(다음).

② 소변을 자주 본다(다뇨).

③ 음식을 많이 먹는다(다식).

④ 피로와 전신권태를 많이 느낀다.

⑤ 체중이 감소한다.

⑥ 약한 당뇨일 경우에는 증세가 뚜렷하지 않아 잘 느끼지 못한다.

4. 당뇨병의 진단

당뇨병은 증상이 없는 경우가 많다. 가족력이 있거나 지나치게 비만이면 예방차원에서 검사해 보는 것이 좋다. 당뇨병은 3다, 즉 다음·다뇨·다식 현상을 나타내는데 정확하게 진단하려면 혈당검사가 필요하다. 혈당검사는 8시간 이상 식사를 하지 않은 공복상태에서 측정해 혈당치가 140mg/dl 이상이면 당뇨병으로 본다. 공복 시 혈당이 140 이하라 하더라도 포도당 부하검사(glucose tolerance test, GTT)에서 2시간 후의 혈당치가 200mg/dl 이상이면 당뇨병으로 진단한다. 포도당부하검사는 체중 kg당 1g의 포도당을 경구적으로 투여한 후 혈당치를 측정하는 것이다.

당뇨병 가족력이 있거나 비만인 사람은 혈당검사를 정기적으로 실시하여 당뇨병을 조기에 발견하는 것이 좋다. 우리나라 당뇨병 환자 대부분은 증상이 경미한 인슈린 비의존형이므로 당불내성과 같은 가벼운 상태는 식사요법과 운동요법만으로도 완전치료가 가능하다.

5. 당뇨병의 합병증과 대사 이상

1) 대사 이상

① 고혈당 및 소변으로의 포도당 배설로 혈액중의 포도당이 세포내로 들어가지

[표 7–2] 당뇨병 진단의 기준

정 상	공복 상태에서 혈당 110mg/dL 이하
당불내성	75g 포도당 부하 30분과 1시간 후의 혈당이 200mg/dL 이상
당뇨병	- 8시간 금식 후 공복 상태의 혈당이 126mg/dL 이상 - 75g 경구 포도당 부하 검사 2시간 후 혈당이 200mg/dL 이상 - 다음·다뇨·체중감소·식사와 무관하게 측정한 혈당이 200mg/dL 이상

못하게 되어 세포는 항상 굶은 상태. 근육과 지방조직 등에서 포도당 대사가 감소되고 간에서 혈액으로 포도당 유출이 상승한다.

② 중성지방의 과다한 분해의 결과 케톤체가 증가하고 케토시스의 결과 산독증을 유발한다. 산독증이 심하면 뇌기능이 떨어지고 당뇨성 혼수에 빠진다.

③ 근육조직에서 단백질 분해의 증가로 많은 양의 아미노산이 간에서 대사되어 당과 요소로 바뀌어 질소의 균형을 깨뜨리고 체중이 줄며 근육이 약화된다.

2) 합병증

당뇨병은 주로 신장장애·심장장애 등과 같은 무서운 합병증을 동반한다는 것이다. 치료와 섭생을 통해 혈당을 항상 정상상태로 유지하면서 정기적인 검사를 통해 합병증을 예방하는 것이 중요하다.

① 혈관에 지방질이 축적될 가능성이 높아져서 동맥경화 발생율이 3~4배 높아지고 그로 인한 심근경색·뇌졸증 등 심혈관계질환이 발생한다.

② 당뇨병성 망막증으로 시력장애나 실명이 유발된다. 시력장애(근시)·백내장·녹내장·망막증 등 안질환 발생. 당뇨로 20년이 경과되면 65~75%가 망막에 합병증을 경험하게 되고 당뇨병 환자의 2% 정도가 실명할 수 있다.

③ 신장의 여과기능에 손상을 준다. 무기질이나 단백질이 소변으로 빠져나갈 수 있고, 신우염·방광염·만성신부전증 등 신장질환(당뇨병성 신증)이 유발된다.

④ 말초혈관 순환장애로 인한 팔다리 저림, 냉증, 괴사가 따른다.

⑤ 면역력저하로 인해 여러 가지 질병에 감염될 가능성이 높아진다. 비뇨기·호흡기·피부·입 등의 조직에 감염가능성을 높여주고 치료에도 더 많은 시간을 요한다. 폐결핵·폐렴 등의 감염질환 발생도 높아진다.

⑥ 현기증·혼수·뇌혈전 등의 뇌신경계 장애가 오기 쉽다.

⑦ 상처치유가 더디고 잘 낫지 않는다.

[표 7-3] 당뇨 합병증

합병증 종류		증 상
급성 합병증	고혈당 혼수	과식이나 인슈린 부족으로 혈당이 매우 높아져 혼수
	저혈당증	혈당이 매우 낮아져 식은땀, 빈맥, 혼수
만성 합병증	당뇨병성 망막증	망막혈관이 손상되어 실명·백내장·녹내장 등의 안질환
	신장의 합병증	신장 사구체의 손상으로 신기능 장애, 신우염, 방광염, 만성 신부전증
	당뇨병성 신경장애	감각이 둔해지고 자율신경 장애, 현기증·혼수·뇌혈전 등의 뇌신경계 장애
	심혈관계 합병증	동맥경화로 협심증·심근경색·뇌졸중, 말초혈관 장애로 팔다리 저림, 냉증, 괴사
	면역계	면역력 저하로 폐결핵·폐렴 등 감염질환

6. 당뇨병의 치료

당뇨병 치료는 식사요법, 운동요법, 약물요법으로 나눌 수 있다.

1) 식사요법

(1) 식사요법의 기본목표

① 당뇨병 환자에게 이상적인 혈당범위는 아침 식사 전 80~120mg/dL 식사 2시간 후 180mg/dL이하, 잠자는 동안 100~140mg/dL이다.

② 혈중 지방질 농도를 너무 높지 않게 한다. 혈중 콜레스테롤은 130~190, 중성지방은 200mg/dL 이하로 유지한다.

③ 지속적인 식이요법을 하고 좋은 영양을 유지하며 규칙적인 생활과 충분한 수

면 적절한 스트레스 해소를 필요로 한다.

④ 당뇨로 인한 합병증을 감소시키며 동맥경화증에 주의한다. 또한 심장과 혈관계 질병을 예방할 수 있는 식사를 한다.

(2) 식품교환표를 이용한 식사요법

① 인슈린 비의존형 당뇨병은 인슈린을 사용하지 않고 식사요법과 적절한 운동만으로도 건강상태를 유지하며 정상적인 생활이 가능하다.

② 식사요법은 당뇨병 환자에게 가장 기본적이고 중요한 치료법이므로 약물요법이나 운동요법의 경우에도 꼭 병행해야 한다.

③ 당뇨병 환자의 식사는 혈당의 상승을 최대한 억제하며, 이상적인 체중을 유지할 수 있도록 음식의 양과 종류, 그리고 식사시간을 환자에게 맞게 조절해야 한다.

④ 당뇨병은 완치되는 병이 아니므로 일생 동안 올바른 식사요법으로 혈당을 조절해야 한다.

(3) 영양적으로 균형 잡힌 식품 섭취

① 당뇨병 환자는 여러 음식을 편중되지 않게 골고루 섭취하여 각종 영양소를 알맞고 균형있게 먹는 것이 중요하다

② 당뇨병 환자가 절제해야 하는 식품은 지방이 과다한 음식과 설탕 등 단순당이 많이 들어 있는 음식 외에는 별로 없다. 건강인과 같은 식품을 대부분 이용할 수 있다.

③ 당뇨병 환자는 자신의 하루 열량을 알고 이에 맞추어 먹는 것이 중요하다. 기본적인 영양소 섭취 비율은 탄수화물 55~60%, 단백질 15~20%, 지방 20~25%로 정상인과 거의 같다.

④ 당뇨식은 지방과 소금 및 설탕 함량이 낮으면서 양질의 단백질 및 식이섬유소 함량이 높은 두류·과일류·채소류·곡류를 많이 먹는 것이 좋다.

[표 7-4] 당뇨병 식품교환표(1일 허용 단위는 2000㎉)

식품군		단위당 열량(㎉)	1 식품 교환 단위당 분량(g)	1일 허용 단위
곡류군		100	쌀밥(보리밥) 1/3공기(70),식빵 1쪽(35), 삶은 국수 1/2공기(90), 현미(찹쌀) 3큰술, 인절미 4개(50), 크래커 7개, 미숫가루 5큰술(30), 감자(대) 1개(150)	9
어육류군	저지방	50	참치(소) 1토막(조기·갈치·도미·가자미)(50), 쇠고기(돼지고기) 썰어서 3~4쪽, 건오징어채 1/4컵(15), 생굴 1/3컵(80), 북어 1/2토막(15), 닭고기(소) 1토막(40)	5
	중지방	75	삼치(소) 1토막(병어·꽁치·민어·이면수)(50), 검정콩 2큰술(20), 두부 1/2모(80), 햄 1쪽(40), 달걀(대) 1개(50), 돼지족(50), 곱창(40)	2
	고지방	100	참치통조림 1/3컵(40), 소갈비(소) 1토막(30), 치즈 1.5장(30), 뱀장어(50), 런천미트 1쪽(40), 소꼬리(40), 고등어(꽁치)통조림 1/3컵(50)	
채소군		20	익힌 시금치(무·숙주·쑥갓·근대) 1/3컵(70), 배추김치(깍두기) 2/3컵(70), 오이(생) 1/2개, 당근 1토막(70), 양송이(중) 3개(70), 풋고추(중) 7~8개, 익힌 콩나물(양배추) 2/5컵(70)	6
지방군		45	식용유(참,들기름) 1작은술(5), 참깨 1큰술(8), 마요네즈 1.5작은술(7), 호두(잣) 1큰술(8)	5
우유군		125	목장우유 1컵(200), 탈지우유 1컵(200), 두유 1컵(200), 조제분유 5큰술(25)	2
과일군		50	수박(대) 1쪽(250), 사과(중) 1/2개(100), 토마토 1개(250), 딸기(중) 15알(200), 복숭아(중) 1개, 참외(중) 1/2개(120), 바나나(중) 1/2개, 귤(중) 1개(100), 오렌지주스 1/2컵(100), 자몽 1/2개(120)	2

(4) 식품교환법

① 식품교환표란 우리가 평소에 먹는 식품을 성분이 비슷한 종류끼리 곡류군, 어육류군, 채소군, 지방군, 우유군, 과일군 등 6군으로 나누고, 각 식품군 내에서 비슷한 열량과 영양소를 공급해주는 각 식품의 단위 분량을 1교환으로 설정하고 각 개인의 열량 필요량과 영양소 필요량에 따라 각 군의 식품을 몇 교환씩 먹을 것인지를 결정할 수 있게 만든 표이다.

② 이 방법을 이용하면 각 식품군 내에서 자유롭게 다른 식품으로 대체 할 수 있으므로 다양한 식품을 손쉽게 선택할 수 있고, 좋아하지 않는 음식을 영양적 불균형없이 바꿀 수 있으며, 열량과 영양소를 매일 일정량 섭취하는 데 매우 편리하게 이용할 수 있다.

③ 하루 처방 열량을 알면 각 식품군에서 섭취할 수 있는 단위 수를 한 눈에 알 수 있도록 미리 계산해 놓은 것이 식품군별 단위수 표이다.

[표 7-5] 1일 처방 열량에 따른 식품군별 단위수 표(식품교환표)

열량(㎉)	곡류군	어육류군		채소군	지방군	우유군	과일군
		저지방	중등지방				
1200	5	4	1	6	3	1	1
1400	7	4	1	6	3	1	1
1600	8	4	1	6	4	1	2
1800	8	4	2	6	4	2	2
2000	10	4	2	6	4	2	2
2200	11	5	2	6	5	2	2
2400	12	6	2	6	6	2	2

당뇨병에 좋은 곡류

① 도정이 덜 된 곡물이 혈당지수가 낮아 좋다(예를 들면 현미나 통밀빵 등).

② 보리·콩·조 등의 잡곡을 함께 먹으면 좋다.

③ 튀긴 음식보다 찌거나 삶은 것이 좋다.

④ 빵 종류는 설탕과 지방 함량이 낮은 것이 좋다.

• 곡류, 감자류

쌀·잡곡·빵·국수·감자·고구마 등 전분질이 풍부한 식품들로 우리 몸에 에너지와 비타민·무기질·섬유소 등을 제공해준다. 각 개인이 먹어야 하는 1일 섭취량은 각자의 열량필요량에 따라 조정한다.

• 육류, 생선, 달걀, 두류

육류·생선·달걀·두류는 단백질이 풍부한 식품이므로 매일 먹는 것이 좋다. 단백질 식품을 충분히 섭취해야 근 손실을 예방하며 면역력을 유지할 수 있다. 육류에는 지방도 많이 포함되어 있으므로 되도록 살코기 부분을 먹는 것이 좋으며 달걀도 난백부분만 먹는 것이 좋다.

• 과일과 채소류

과일은 열량과 비타민·무기질·섬유소가 풍부한 식품이므로 당뇨병 환자에게 좋은 식품이다. 과일 생과일의 형태로 먹는 것이 좋으며 과일에는 상당량의 당이 포함되어 있으므로 섭취량은 열량 필요량에 맞추어 조정한다.

채소는 당뇨병 환자에게 매우 좋은 식품이므로 매일 먹는 것이 좋다. 채소는 비타민·무기질·섬유소가 풍부하면서 열량은 적다.

• 우유와 유제품

우유와 유제품은 열량과 단백질·칼슘·리보플라빈 등의 다양한 영양소가 풍부한 식품이다. 당뇨병 환자는 되도록 저지방 우유 및 유제품을 먹는 것이 좋다.

• 유지류

열량이 매우 높고 종류에 따라 콜레스테롤이나 포화지방이 많을 수 있으므로 되도록 식물성 유지 위주로 소량씩 먹는 것이 좋다. 튀김식품 또는 과자류에는 많은 양의 유지가 포함되어 있는 것이 대부분이므로 유의해서 구입한다.

• 설탕 함량이 높은 식품들

당뇨병 환자들은 저혈당일 경우를 제외하고 평상시에는 설탕 함량이 높은 식품은 피하는 것이 좋다. 단맛은 대부분의 사람들이 좋아한다. 먹을 때 기분을 편안하게 해주며 유혹이 강한 음식이다. 그러나 설탕이 많이 든 음식은 되도록 적게 먹어야 체중관리나 혈당조절이 편하다.

2) 약물요법

식사요법과 운동요법만으로도 혈당을 적정수준으로 조절하기 어려운 경우 경구혈당 강하제를 복용하거나 필요에 따라 인슈린을 투여해야 한다. 그러나 약물치료만으로는 고혈당을 조절하는데 한계가 있으므로 약물요법을 사용할 때도 반드시 식사요법과 운동요법을 병행하는 것이 혈당량조절과 만성합병증 예방에 효과적이다.

당뇨병 환자를 위한 채소 조리법

채소는 섬유소가 풍부하고 열량이 적으면서 만복감을 주므로 식단구성에 많이 이용하면 좋다. 채소를 익힐 때는 물을 조금만 넣어 수용성 비타민 손실을 줄이는 게 좋다. 마요네즈나 오일이 많이 들어간 샐러드는 지방과 열량이 많으므로 피하고 저지방 샐러드 드레싱(예 : 간장 드레싱, 겨자 소스 등)을 넣고 만드는 것이 좋다.

(1) 혈당강하제

① 췌장에서 인슐린을 많이 분비하게 하고, 인슐린이 표적세포에 잘 작용하게 한다.

② 간에서 포도당 생성을 억제시킨다.

③ 장에서 포도당의 흡수를 지연시켜 혈당이 상승하는 속도를 늦춘다.

(2) 인슐린

혈당을 낮추는 호르몬으로, 작용이 시작되는 시간에 따라 초속효성, 속효성, 중간형, 혼합형으로 나눈다. 보통은 중간형과 속효성을 섞은 형태인 혼합형을 가장 많이 쓴다.

(3) 당뇨병 환자의 혈당량을 정상으로 유지하는 방법

① 당뇨병 치료약은 매일 일정한 시간에 먹는다.

② 식사는 정해진 시간에 일정한 양을 먹는다.

③ 간식을 잘 활용한다.

④ 운동은 일정한 시간에 규칙적으로 한다.

(4) 당뇨병 환자의 운동 효과

① 인슐린의 작용을 돕는다.

② 유산소 운동은 체중관리에 도움이 된다.

③ 심폐기능을 유지·향상시킨다.

7. 저혈당증

저혈당증(Hypoglycemia)은 혈액의 혈당량이 50mg/dL 이하로 떨어진 상태를 말한다. 적시에 조치하지 않으면 매우 위험한 상태에 빠질 수 있다. 증상은 기운이 없고 식은땀이 흐르는 등 탈수증상이 오고, 심하면 혼수상태에 빠질 수 있다.

(1) 저혈당증의 원인

① 인슐린이나 혈당강하제를 과량 투여한 경우

② 식사를 거르거나 식사량이 충분치 않은 경우

③ 공복상태에서 운동량이 많은 경우

(2) 저혈당증의 응급처치

① 흡수가 빠른 초콜릿·설탕물·사탕·과일주스 등을 먹는다.

② 이를 대비하여 사탕 등의 간식을 평소에 소지하는 것이 좋다.

그러나 운동을 시작하기 전에 반드시 의사와 상의해야 한다. 환자 자신의 심장이나 발의 건강상태가 특별한 문제가 없는지를 확인하는 것이 안전하다. 당뇨병 환자는 빨리 걷기·조깅·수영·등산 등의 유산소 운동이 더 적합하다. 심장이나 혈관 등을 건강하게 하고 체중관리 및 혈당을 낮추는데 도움이 된다

section 8

심혈관계질환과 영양

심혈관계질환은 심장과 주요 동맥에 발생하는 질환을 말한다. 심장병은 태어날 때부터 있는 선천성 심장병과 살아가면서 발생하는 후천성 심장병이 있다. 주요 혈관계 질환은 대동맥·허파동맥·목동맥·뇌혈관 등 주요 동맥이 막히거나 늘어나거나 터지는 출혈이 일어나는 질환이다.

최근 우리나라에서는 식생활이 서구화되고 생활습관의 변화에 따른 운동부족 등으로 심혈관계질환의 발생이 증가하고 이로 인한 사망률이 증가하고 있다. 2009년 통계청에서 발표한 사망원인의 통계를 보면 고혈압성질환, 허혈성 심장질환, 뇌혈관 질환을 포함한 순환기 계통 질환은 우리나라 사망원인의 2위이다. 악성종양 다음으로 높은 순위인데 남자는 55세 이상, 여자는 65세 이상에서 순환기 계통 질환 사망률이 많이 증가하고 있다.

[표 8-1] 각종 심혈관계질환

질 환	원 인
고혈압	여러 가지 이유로 혈압이 올라가 수축기 혈압이 140㎜Hg 이상이거나 확장기 혈압이 90㎜Hg 이상인 상태
허혈성 심장질환	심장에 혈액을 공급하는 심장동맥(관상동맥)이 좁아지거나 막혀 필요한 산소가 심장근육으로 공급되지 않아 심근이 제 기능을 하지 못하는 상태
관상동맥질환	관상동맥에 이상이 생겨 발생하는 질환을 포괄적으로 관상동맥질환이라고 하는데 대표적으로 협심증과 심근경색이 해당. 협심증은 동맥경화로 관상동맥 내부의 지름이 좁아져 심장 근육에 필요한 혈액이 공급되지 않는 질환이고, 심근경색증은 심장에 혈액을 공급하는 관상동맥(심장동맥)이 막혀 심근이 괴사하는 질환
죽상경화증(동맥경화증)	혈관의 가장 안쪽 막인 내막에 콜레스테롤이 침착하고 세포증식이 일어나 죽종이 형성되어 발생하는 질환. 혈액순환에 장애가 생겨 허혈성 심장질환, 뇌졸중, 신부전, 사지 허혈성 동맥질환을 유발
뇌혈관질환	뇌에 혈액을 공급하는 뇌혈관이 동맥경화나 혈전으로 막혀 혈류장애가 생기면 허혈성 뇌졸중이라 하고, 고혈압 등으로 뇌혈관에 출혈이 생기고 그 출혈에 의해 혈액 공급이 차단되는 것이 출혈성 뇌졸중이라 함
말초혈관 폐쇄성질환	말초혈관은 대동맥과 대정맥에서 갈라지는 동맥과 정맥, 그리고 림프관을 말하는데 주로 죽상동맥경화로 인해 혈관이 협착되어 해당 혈관에서 혈류를 공급받는 장기의 기능에 손상이 생기는 질환
부정맥	맥박의 리듬이 불규칙하거나 속도가 너무 빠르거나 느려 비정상적인 상태. 심장의 전기신호를 발생하며 전달하는 심장 전도계에 이상이 생기면 부정맥 발생

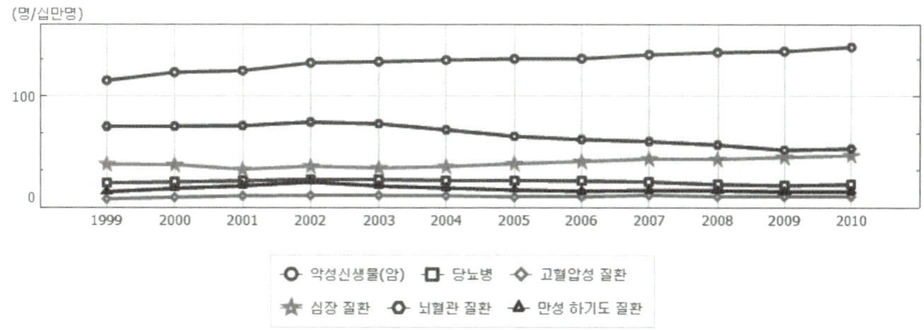

[그림 8–1] 한국인의 만성질환 사망률 추이

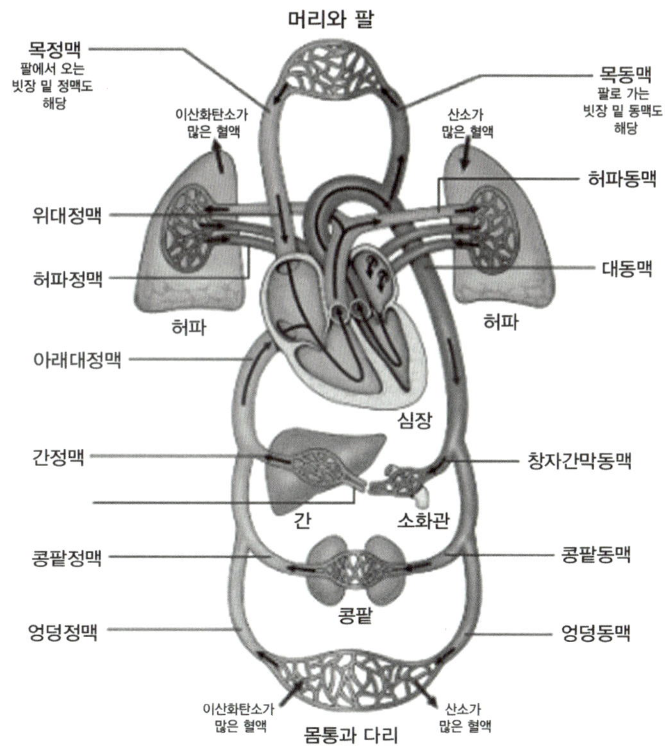

[그림 8–2] 인체의 심혈관계

1. 고혈압

고혈압이란 동맥의 혈압이 정상보다 높은 것을 말한다. 혈액이 동맥혈관 벽에 가하는 힘을 혈압이라고 하는데, 여러 번 측정한 평균치에서 수축기 혈압 140㎜Hg 이상이거나 확장기 혈압 90㎜Hg 이상이면 고혈압으로 진단한다. 고혈압은 증세가 심해지기까지 아무런 자각증상을 느낄 수 없으므로 "침묵의 살인자(silent killer)"라고도 한다. 고혈압은 대개 상당히 진행되기 전까지는 뚜렷한 증상이 없어 절반 정도가 혈압이 높은 줄 모르고 지낸다. 초기에 치료시기를 놓치면 뇌·심장·콩팥 등 중요한 장기가 손상될 수 있다.

1) 고혈압의 분류

(1) 본태성 고혈압(essential hypertension, 1차성 고혈압)

① 혈압의 상승을 동반할 수 있는 질환에 기인하지 않는 고혈압

② 고혈압 환자의 90~95%가 이에 속한다.

③ 명확한 원인을 알 수 없으며 높은 연령층에서 주로 일어난다.

(2) 속발성 고혈압(secondary hypertension, 2차성 고혈압)

① 2차성 고혈압은 각종 신장질환, 신혈행장애, 항이뇨호르몬인 aldosterone의 과다분비, Cushing 증후군, norepinephrine과 epinephrine 분비를 증가시키는 부신종양 등에 의해 생긴다.

[표 8-2] 고혈압의 기준

분 류	수축기 혈압	이완기 혈압
정상	〈 140㎜Hg	〈 90㎜Hg
경계역 고혈압	140~159㎜Hg	90~94㎜Hg
고혈압	〉 160㎜Hg	〉 95㎜Hg

② 젊은층에서 주로 일어나며 원인 질병을 치료하면 혈압은 정상으로 회복된다.

2) 고혈압의 요인

유전적인 요인과 식이 등의 환경적 요인들이 상호 작용하여 일어나는 것으로 알려지고 있다.

(1) 유전

① 부모가 고혈압이면 자식도 발생할 확률이 높다.

② 유전적인 요소가 있는 사람도 식이와 운동으로 환경적인 요인을 변화시키면 예방할 수 있다.

(2) 연령

① 나이가 들수록 발생빈도가 높아진다. 나이가 들면서 동맥의 벽이 두꺼워지고 탄성이 감소되며 저항이 커져 혈압이 상승하기 때문이다.

② 나이가 들면서 발생하는 당뇨병, 신장병, 심장병, 퇴행성 질환은 고혈압을 촉발시키는 요인이 된다.

(3) 성별

① 60세 전까지는 남자가 많이 걸리고, 그 이후에는 여자가 더 많이 걸린다.

② 여자는 경구용 피임약, 임신, 에스트로젠 치료 등이 고혈압을 촉진시킨다.

(4) 스트레스

① 에피네프린 분비 증가로 심장박동량을 증가시키고 말초혈관의 저항도 상승시켜 고혈압의 원인이 될 수 있다.

(5) 체중

① 체중의 증가는 혈액량을 증가시키고, 혈압도 비례해서 상승한다.

② 특히 상체의 과다한 지방축적은 혈압상승과 밀접한 관계가 있다.

(6) 영양

① 열량·나트륨·포화지방산을 과다섭취하면 혈압이 올라가고, 칼륨과 칼슘은 혈압을 떨어뜨린다.

(7) 기 타

① 흡연은 혈관을 수축시켜 혈압을 상승시킨다.

② 카페인은 교감신경을 자극해 혈압을 상승시킨다.

③ 음주 양과 횟수가 많을수록 혈압이 올라간다.

④ 온도가 낮으면 피부혈관을 수축시켜 혈압을 상승시킨다. 정상인은 대기의 온도가 1도 떨어질 때마다 0.2~0.3㎜Hg씩 올라간다. 겨울철에 고혈압 관련 질환 사망률은 여름철보다 30% 정도 높다. 겨울에는 스트레스 호르몬 분비도 많아진다.

⑤ 기타 변비, 피부자극 등

3) 고혈압의 증상과 합병증

본태성 고혈압은 보통 자각 증상이 거의 없는 경우가 많아 병이 진전될 때까지 잘 모르고 지내다 합병증 등으로 악화되는 경우가 많다.

(1) 고혈압의 증상

① 머리가 자주 아프며 어지럽고 무겁다.

② 코피가 잘 나고 얼굴이 잘 붉어진다.

③ 어깨가 쑤신다.

④ 숨이 차고 두근거린다.

⑤ 손발이 저리거나 잘 붓는다.

⑥ 쉽게 피로해진다.

⑦ 잠이 잘 안 온다.

(2) 고혈압의 합병증

① 심장 : 좌심실 비대, 심부전, 협심증, 부정맥, 심근경색, 돌연사

② 뇌 : 뇌출혈, 뇌경색, 뇌압상승에 의한 안구출혈이나 시력장애, 기억력 상실, 언어장애, 시력장애(뇌졸중), 빈혈성 발작, 후두통, 메스꺼움, 구토 초래

③ 신장 : 신경화증에 의한 신부전

④ 말초혈관 : 사지의 조직 괴사, 동맥류의 급작스런 파열로 인한 돌연사

4) 고혈압의 관리와 예방

(1) 약물요법

고혈압 약은 크게 이뇨제, 교감신경 차단제, 칼슘채널 차단제, 안지오텐신 전환효소 억제제(ACE), 안지오텐신Ⅱ 수용체 차단제(ARB) 계열 등 5가지로 나뉜다. 이뇨제는 소변 배출량을 높여 염분배출 촉진과 말초혈관 압력을 낮춘다. 대표적인 약으로 히드로클로로티아지드와 푸로세미드가 있는데 고혈압 초기 약제로 많이 쓰며 보통 하루에 1회 아침에 먹는다.

그러나 염분제한 식이요법을 병행해야 하고, 저칼륨혈증·고지혈증·고요산혈증 등이 유발될 수 있으니 정기적으로 혈액검사를 해야 한다. 또 몸에 수분이 줄어들어 탈수로 인한 어지러움이나 실신 등이 나타날 수 있으니 수분을 적게 섭취하는 겨울에는 특히 주의해야 한다.

(2) 식이요법

① 총 섭취 칼로리를 제한한다. 매끼 약간 적은 듯이 먹는 것이 좋다.

② 저지방 식사를 한다. 육류의 지방, 튀김류, 인스턴트 식품 등의 고지방 식품을 제한한다.

③ 물을 지나치게 많이 마시지 않는다.

④ 음식의 60%는 탄수화물로 섭취하고, 주로 단일 불포화지방산과 고도 불포화지방산을 섭취한다.

⑤ 고지방 특히 포화지방의 섭취가 많을 때 고혈압 발생이 높다. 오메가-3 지방산인 EPA와 DHA는 특히 강압효과를 나타낸다.

⑥ 콜레스테롤 섭취를 제한한다.

⑦ 소금 섭취를 제한한다. 소금은 고혈압의 주요인자이며 최근 발표된 '2011 국민건강영양조사'에 따르면 우리나라 국민 1인당 하루 평균 나트륨 섭취량은 4791㎎으로 세계보건기구(WHO) 권고기준(2000㎎)의 두 배가 넘는다. 하루 2400㎎ 정도의 소금만 섭취해도 2~8㎜Hg의 혈압이 떨어질 수 있다.

• 소금의 영향

- 세소동맥을 경화시키고 혈전을 만든다.

- 혈압강하제의 사용을 증가시킨다.

- 혈압이 갑자기 올라가기 쉽다.

⑧ 칼륨을 많이 먹는다. 칼륨은 나트륨의 배출을 돕는다. 신선한 과일과 야채에 많다. 신선한 과일과 야채를 많이 먹으면 8~14㎜Hg의 혈압을 낮출 수 있다.

⑨ 칼슘을 많이 섭취한다.

⑩ 체중의 감소와 조절

• 과체중의 영향

- 강압제가 잘 듣지 않는다.

- 콜레스테롤이나 중성지방이 늘며 당뇨병이 발생하기 쉽다.

⑪ 운동을 하루에 40분 이상씩 1주에 4일 이상 꾸준히 한다. 유산소 운동을 규칙적으로 하면 혈압을 4~9㎜Hg 떨어뜨릴 수 있다.

• 운동부족의 영향

- 조금만 운동을 해도 혈압이 올라간다.

- 비만·혈액응고·혈전이 쉽게 생긴다.

⑫ 알코올 : 적당한 양은 스트레스를 풀어주고 혈압을 내려주나 그 이상이면 혈액에 콜레스테롤이나 중성지방이 늘고 동맥경화를 악화시킨다. 술은 맥주는 1~2캔, 소주는 1~2잔, 포도주는 120~240㎖ 정도가 좋다.

⑬ 금연 : 니코틴과 일산화탄소는 죽상동맥경화를 악화시키고 심근경색을 일으킬 위험이 있다. 관상동맥이 굳으면 유리지방산이 늘고 심근경색이 일어난다.

2. 고지혈증

고지혈증(hyperlipidemia)은 정상 이상의 중성지방과 콜레스테롤이 혈중에 존재하면서 이들이 혈관벽에 쌓여 염증이나 동맥경화와 같은 심혈관계질환을 일으키는 상태를 말한다. 고지혈증은 크게 유전적 이상으로 생기는 1차성과 당뇨병 등의 질병이나 약물로 생기는 2차성으로 나뉜다. 고지혈증, 고콜레스테롤혈증, 고중성지방혈증을 모두 포함해 이상지질혈증이라 한다. 이상지질혈증은 대개 비만·당뇨병·음주·흡연 등으로 발생하나 유전적인 요인으로도 발생한다.

(1) 혈청 내의 지질

주로 킬로미크론, VLDL, LDL, HDL의 지단백질 형태로 있으며, 중성지방과 콜레스테롤은 특히 VLDL과 LDL에 많이 포함되어 있다.

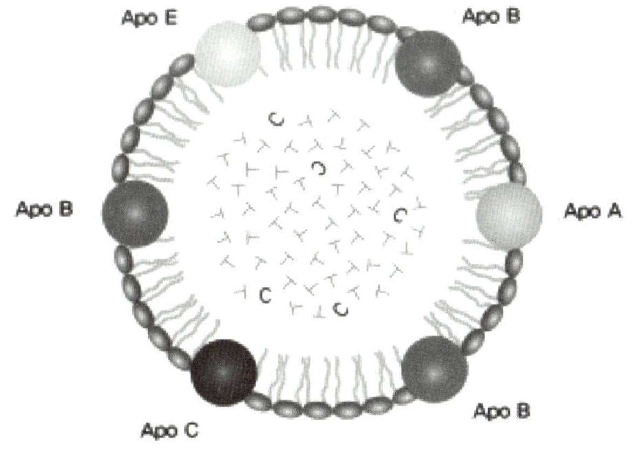

[그림 8-3] 지질단백질의 구조

(2) 증상

대부분 증상이 없지만 합병증으로 인한 연관된 증상이 생길 수 있다. 예를 들어 혈액 내에 중성지방이 크게 증가하면 췌장염이 발생할 수 있으며, 아킬레스건이나 피부에 콜레스테롤과 다른 지질이 침착하여 생기는 황색종이 나타날 수 있다.

(3) 진단

금식 후 채혈하여 혈액 내의 콜레스테롤, 중성지방, HDL-콜레스테롤, LDL-콜레스테롤의 수치를 측정하여 판단한다. 혈액 내의 주요 지단백질 종류와 특성을 그림과 표로 나타내면 다음과 같다.

(4) 치료

주로 스타틴 계열의 약물로 치료한다.

[표 8-3] 이상 지질혈증의 분류

이상 지질혈증	원 인	공복에 혈청농도	혈청지질의 농도 변화
고콜레스테롤 혈증	1차 원인은 유전과 고지방 식사이고, 2차 원인은 당뇨·갑상선 기능저하·신증후군·요독증·에스트로젠·알코올·간질환	콜레스테롤 농도 240mg/dL 이상(정상 200mg/dL 이하)	총콜레스테롤/HDL 비 증가, LDL/HDL 비 증가, 정상 LDL 130mg/dL 이하, 정상 HDL 60mg/dL 이상
고중성 지방혈증	유전, 비만, 단순당과 포화지방의 지나친 섭취, 음주, 운동 부족, 당뇨병 등	중성지방 200 mg/dL 이상(정상 150mg/dL 이하)	중성지방 비정상적 상승, VLDL 증가, 총콜레스테롤과 LDL이 약간 증가
고지혈증	고콜레스테롤 혈증과 고중성 지방혈증의 원인을 모두 포함	콜레스테롤 240 mg/dL 이상, 중성지방 200mg/dL 이상	혈청 콜레스테롤과 중성지방의 농도 모두 증가. VLDL, LDL의 증가

[표 8-4] 고지혈증에 좋은 식품과 나쁜 식품

식품류	좋은 식품	나쁜 식품
곡류, 전분류	현미 등 덜 도정한 곡류, 전곡으로 만든 시리얼, 고구마	피자, 케이크, 도너츠, 파이, 비스킷, 쿠키
고기, 생선, 달걀, 콩류	기름없는 살코기, 생선, 닭가슴살, 닭고기, 달걀 흰자, 두부	삼겹살, 갈비살, 닭껍질, 동물·생선의 간과 내장, 생선 알, 소세지, 햄, 베이컨, 오징어류, 난황
채소, 과일류	생채소, 데친 채소, 신선한 과일	과일 통조림, 채소 튀김, 밀전병
우유, 유제품	저지방 우유, 탈지분유, 발효 유제품	우유, 치즈
유지, 당류	식물성 기름, 올리고당	야자유, 쇼트닝, 마가린, 라드, 버터, 사탕, 초콜릿, 탄산음료

3. 동맥경화증

동맥경화증은 동맥 내벽이 두꺼워지고 굳어 탄력이 떨어지면서 피와 콜레스테롤이 엉겨 혈관의 내강이 좁아지거나 막히는 것을 말한다. 부위에 따라 대동맥경화, 관상동맥경화, 뇌동맥경화, 신동맥경화로 나눈다. 동맥경화는 나이가 들면서 점차적으로 진행되는데 증상은 보통 30세에서 시작해 50대 이후에 나타난다.

1) 동맥경화의 종류

(1) 대동맥경화

심장에서 나오는 대동맥에 경화증이 생기면 동맥류가 나타나거나 동맥이 파열되어 생명이 위험할 수도 있다.

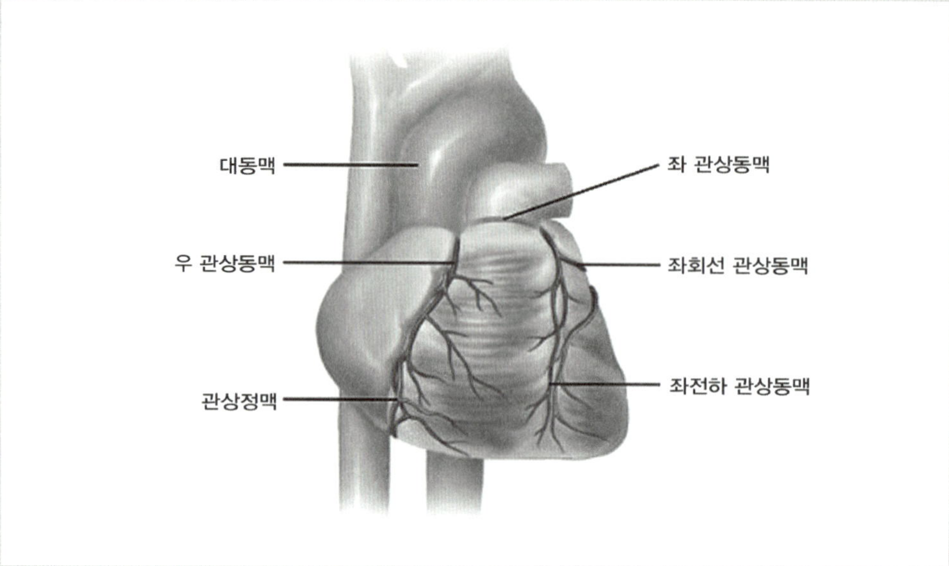

[그림 8-4] 심장 동맥

(2) 관상동맥경화

관상동맥은 심장에 영양을 공급하는 동맥이다. 관상동맥경화는 협심증, 심근경색, 심부전, 부정맥 등의 원인이 된다.

(3) 뇌동맥경화

뇌동맥경화는 뇌에 혈액을 공급하는 뇌동맥에 경화가 생기는 것으로, 뇌경색이나 뇌출혈의 원인이 된다.

(4) 신동맥경화

신동맥경화는 신장 동맥에 경화가 생기는 것으로, 신위축증이나 신경화증이 유발되어 요독증이나 고혈압의 원인이 된다.

2) 동맥경화의 원인

동맥경화의 발생과 진행을 초래하는 원인에 대해서는 아직 밝혀지지 않았다. 그러나 동맥경화를 잘 일으키고 진행을 촉진시키는 주요 위험인자는 다음과 같다.

① 고콜레스테롤혈증

② 낮은 HDL-콜레스테롤

③ 높은 LDL-콜레스테롤

④ 높은 중성지방

⑤ 고혈압(140/90㎜Hg 이상)

⑥ 흡연

⑦ 당뇨병

⑧ 심혈관질환의 가족력

⑨ 연령 증가

⑩ 운동부족, 과체중, 복부비만

⑪ 개인의 성격

⑫ 스트레스

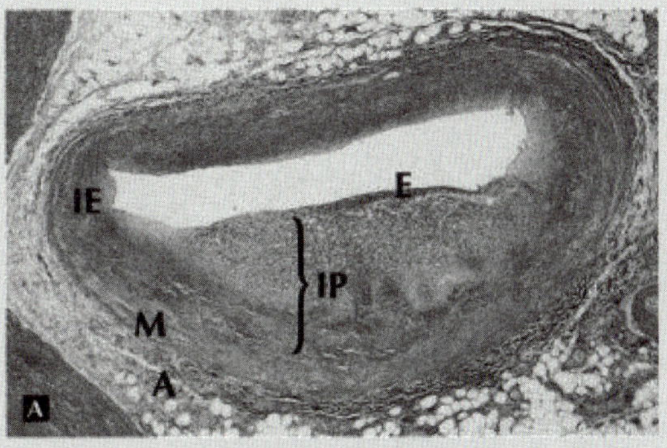

[그림 8-5(a)] 죽상동맥경화의 형성 과정

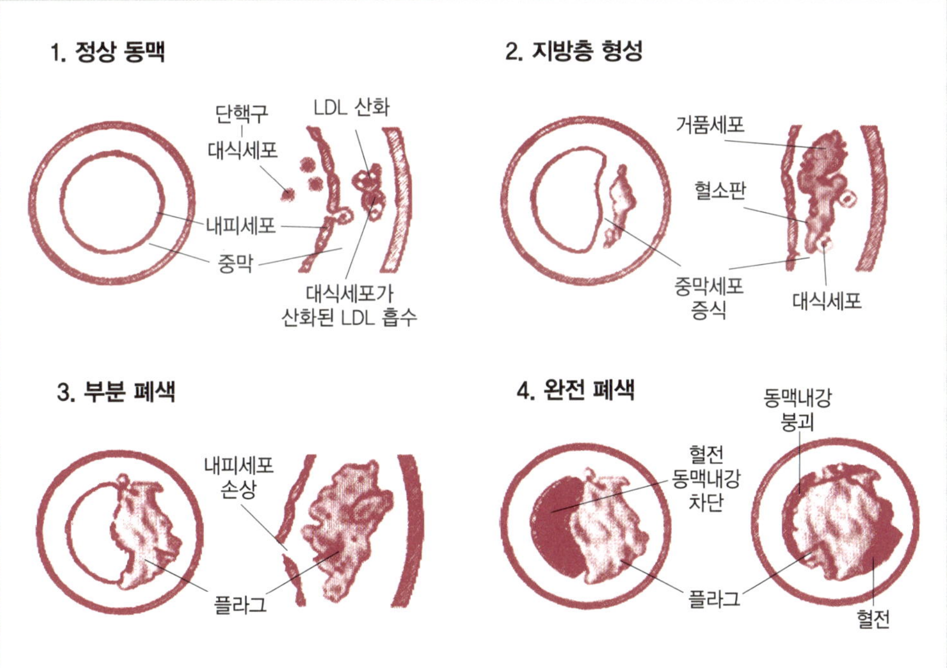

[그림 8-5(b)] 죽상동맥경화증 혈관 단면도

3) 동맥경화증과 고지혈증의 식사지침

① 총칼로리 섭취량은 정상체중을 유지하는 범위에서 정한다.

② 하루 콜레스테롤 섭취량이 300㎎(달걀 1개분)이 넘지 않게 한다.

③ 지방의 양을 섭취 칼로리의 15~20%로 제한한다.

소기름·돼지기름·버터·쇼트닝·코코넛기름·팜유 등의 포화지방산은 전체 칼로리의 10% 미만, 오메가 3계 지방산(주로 등푸른 생선인 참치·삼치·꽁치·고등어·연어·청어·숭어·정어리에 들어 있음)과 오메가-6계 지방산(옥수수기름·면실유·해바라기씨기름 등)으로 구성된 다가불포화지방산(polyunsaturated fat)은 총 칼로리의 10% 이하, 올리브기름·땅콩기름·카놀라유 등에 많은 단가불포화지방산(monounsaturated fat)은 총 칼로리의 20% 이하로 제한한다.

④ 탄수화물 섭취는 총에너지 섭취량의 60~65% 정도로 하고 정제된 당은 피하고 식이섬유가 풍부한 복합당을 섭취하도록 한다. 탄수화물의 지나친 섭취는 중성지방을 늘리고 HDL을 낮추므로 주의한다.

⑤ 단백질은 총에너지 요구량의 15% 정도 되도록 한다. 체중 1kg당 최소 1g 이상의 단백질섭취를 권장한다.

⑥ 소금 섭취량은 1,000㎉당 1.0g 또는 하루에 5.0g을 넘지 않도록 주의한다.

⑦ 알코올 섭취는 총에너지 섭취량의 15%를 넘지 않아야 한다(포도주 240㎖, 맥주 700㎖).

⑧ 여러 종류의 음식을 섭취해야 한다.

⑨ 혈압을 측정하며 정상을 유지한다.

⑩ 식이섬유소를 많이 섭취한다.

⑪ 칼슘을 많이 섭취한다. 칼슘은 LDL을 감소시킨다.

⑫ 엽산, 비타민 B_6·B_{12}가 풍부한 식품을 먹는다.

⑬ 비타민 C·E, 베타카로틴, 피토케미칼의 항산화제가 풍부한 감귤류 등의 과일과 녹황색 채소를 충분히 먹는다.

section 9

스트레스와 소화기계질환

1. 스트레스

현대인은 남녀노소를 막론하고 누구나 스트레스를 받고 산다. 우리의 삶은 갖가지 자극과 이에 대한 반응의 연속인데, 이 모든 것이 스트레스라고 할 수 있다. 스트레스는 내분비계, 자율신경, 면역 등의 생체기능 전체에 영향을 끼친다. 스트레스 요인이 주어지면 신체의 시상하부에서 항부신피질호르몬이 분비된다. 이어서 부신이나 신경 말단에서 아드레날린, 노르아드레날린, 코르티솔(Cortisol)이 혈중으로 분비되어 우리 몸을 보호하려고 힘과 에너지를 제공하는 신체증상이 일어난다.

우선 신체 부위에 혈액공급을 원활히 할 수 있도록 혈압이 증가하며 뇌·심장·근육으로 가는 혈류는 증가하는 반면 피부·소화기관·신장·간으로 가는 혈류는 감소한다. 그로 인해 우리 몸은 산소공급을 위해 호흡이 빨라지고, 소화기능은 떨어지며 근육은 긴장하고, 정신과 감각기관이 예민해진다. 이 상태가 장기간 지속되면 신체의 저항력이 떨어지게 되고 정상적인 기능을 유지하기 어렵게 된다. 이러한 스트레스에 장기간 노출되면 여러 가지 질환의 요인이 될 수 있으므로 스트레스는 바로 해소하는 것이 좋다.

스트레스는 많은 현대병을 유발하는 것으로 알려져 있으나 무조건 병이 생기는 것은 아니다. 또한 우리가 받는 스트레스는 반드시 나쁜 것만 있는 것은 아니고 '유쾌한 스트레스' 와 '불쾌한 스트레스' 로 나눌 수 있는데 스트레스를 잘 조절할 수만 있다면 자신의 능력을 최대한 발휘할 수 있게 되고, 유쾌한 스트레스는 삶의 자극제가 될 수 있다.

1) 스트레스의 증상

일반적으로 병원 검사에서 특별한 이상을 발견하기 어려운 만성피로, 불면, 만성 소화기계의 이상 등은 대개 스트레스와 관계가 있다.

① 정서적 증상 : 집중력 약화, 주의력 산만, 기억력 감소, 공허감, 혼란, 불안, 우울, 신경과민, 분노 등

② 행동적 증상 : 안절부절 못함, 손톱 깨물기, 발 떨기, 폭식, 폭음, 흡연, 욕설, 난폭한 행동 등

③ 신체적 증상 : 두통, 만성피로, 불면증, 근육통(목·어깨·허리). 혈압상승, 과호

[그림 9-1] 스트레스란?

[그림 9-2] 스트레스의 의미 구분

스트레스의 4단계

① 경고기 : 스트레스가 많은 상황에 갑자기 직면했을 때 일어나는 반응으로 작은 자극에도 예민하게 반응하며 수면장애, 복통, 설사 등을 나타낼 수 있다. 교감신경이 활성화되고 부신이 비대해지며 흉선과 림프절은 위축된다.

② 저항기 : 스트레스를 극복하려는 심리적·생리적·행동적 반응이 일어나는 시기며 코티솔과 같은 부신피질 호르몬의 분비가 증대되고 신진대사가 활발해지며 콜레스테롤, 비타민C, 단백질, 저장지방은 감소한다.

③ 회복기 : 신체의 여러 기능이 회복되는 시기로 근육단백질과 저장지방량도 증가하며 체력이 회복된다.

④ 피폐기 : 만성적인 스트레스가 계속됨으로써 신체가 정상기능을 상실하는 시기로 협심증, 당뇨, 위궤양 등 각종 질병이 유발할 수 있다.

흡 증상, 식욕부진, 소화장애, 심계항진, 위염, 위궤양, 설사, 변비, 사지냉증, 안면홍조, 복통, 감각 이상 등

④ 감정적 증상 : 불안, 신경과민, 우울증, 걱정, 분노, 좌절감 등

2) 스트레스 관련 질환

스트레스는 가히 만병의 근원이라 할 정도로 많은 질병과 관계가 있다.

① 심혈관계질환 : 심박출량 증가, 빈맥, 부정맥, 고혈압, 협심증

② 위장계질환 : 신경성 구토, 위경련, 가슴앓이, 딸꾹질, 설사, 위궤양, 십이지장궤양, 변비

③ 호흡기계 : 신경성 기침, 기관지 천식, 과호흡 증후군

④ 비뇨생식기계 : 빈뇨, 발기부전, 불감증, 조루증, 월경불순, 불임증

⑤ 내분비계 : 당뇨병, 비만증, 갑상선질환

⑥ 신경계 : 정신적 피로 증가, 편두통, 틱, 수전증, 서경증

[표 9-1] 스트레스 자가진단법

스트레스 자가진단 테스트

자신의 스트레스 상태를 알아보는 것이 스트레스를 극복하는 지름길이다. 다음 30가지 항목에 솔직하게 답변하되 너무 깊이 생각하지 않도록 유의하면서 점검해보자.

예(○) 1점, 확실히 단정할 수 없다(△) 2점, 아니다(×) 3점

항 목	○	△	×
1. 자신을 가치있는 사람이라고 생각한다.			
2. 자신의 가치관이나 감정을 소중히 여긴다.			
3. 이웃사람들과 교제를 소중히 여긴다.			
4. 한 달에 두 번은 영화를 보러 나간다.			
5. 자신의 결점도 받아들일 수 있다.			
6. 친구에게 개인적인 문제를 터놓고 말할 수 있다.			
7. 어떤 상황에서도 일관성이 있다.			
8. 명상 시간을 가지려고 애쓴다.			
9. 남과 비교해 자신의 능력이 떨어지지 않는다고 생각한다.			
10. 상대방에게 성에 대해 홀가분하게 말할 수 있다.			
11. 경쟁에 실패해도 녹초가 되지 않는다.			
12. 사물에 대해 깊이 생각하는 일으 어렵지 않다.			
13. 자신의 얼굴이나 분위기를 좋아한다.			
14. 거절하고 싶은 것을 남에게 쉽게 말할 수 있다.			
15. 문제를 해결하기 위한 아이디어가 쉽게 떠오른다.			
16. 건강한 생활을 위해 규칙적인 식사를 하는 편이다.			
17. 자신의 몸매에 자신이 있다.			
18. 자신이 기쁘게 느끼는 것을 남에게 마음껏 표현할 수 있다.			
19. 지나간 일은 장황하게 되풀이 하지 않는다.			
20. 시기적절하게 휴식을 취하는 편이다.			
21. 남에게 비판을 받아도 순순히 받아들이는 편이다.			
22. 상대방의 마를 알아들을 수 없을 때는 반드시 질문을 한다.			
23. 자신의 경제사정에 대해 소탈하게 이야기 할 수 있다.			
24. 자신의 내면을 닦는데 시간과 돈을 아끼지 않는다.			
25. 남에게 칭찬을 받으면 순순히 받아들이고 인정하는 편이다.			
26. 자신이 남들에게 비교적 바르게 이해되고 있다고 생각한다.			
27. 현재 자신이 요구하는 일들은 정당한 것이라고 생각한다.			
28. 하루하루를 충실히 살아간다.			
29. 자신이 지금까지 해온 일에 긍지를 갖는다.			
30. 마음에 들지 않는 일은 분명히 말한다.			

⑦ 근육계 : 근육통, 요통, 류머티즘관절염

⑧ 피부계 : 두드러기, 원형탈모증, 가려움증, 신경성피부병, 다한증

3) 스트레스의 원인

스트레스의 원인은 외부적 요인과 내부적 요인으로 나눈다.

(1) 내부적 요인(Internal Factor)

① 물리적 : 소음, 한정된 공간 등

② 사회적 : 상사와 갈등, 법규위반 등

③ 생활사건 : 이혼, 가족의 죽음, 실직, 출산 등

(2) 내부적 요인(Internal Factor)

① 생활양식 : 흡연, 수면부족, 과로 등

② 마음의 올가미 : 개인적 성취, 과장, 경직

③ 개인특성 : A형 성격, 완벽주의 등

4) 스트레스 자가진단 요령

스트레스를 해소하려면 어떠한 사건이나 변화가 어느 정도의 스트레스 요인으로 작용하는가를 알아 대처하는 방법을 강구해야 한다.

5) 스트레스 자가관리

① 스트레스 자가진단 결과 지나친 강도로 빈번하게 스트레스를 받는다면 몸과 마음에 해로울 수 있다.

② 스트레스는 면역계를 약화시켜 여러 가지 감염 질환이나 암에 걸릴 위험성이 높아진다.

• 스트레스 자가관리법

㉮ 먼저 자신이 어떤 일에 어느 정도의 스트레스를 받는지 진단해 본다.

㉯ 스트레스를 일으키는 생각이나 습관을 바꾼다.

- 완벽주의와 지나친 자책이나 비관에서 탈피하기
- 감정에 치우치지 말고 합리적으로 생각하기
- 긍정적이며 현실적으로 생각하기
- 남에게 인정받으려고 일하지 않기
- 거절하거나 포기할 줄 알기
- 생각이 부정적이거나 한쪽으로 치우친 사람은 스트레스를 더 많이 받는데 이런 것을 고치는 방법을 인지행동치료라고 한다.

③ 생활습관의 변화

- 식사는 규칙적이며 적당하게 하기
- 카페인을 줄이거나 끊기
- 주 4회 40분 이상 규칙적으로 운동하기
- 규칙적이며 충분하게 잠자기
- 미리 계획해서 여유있는 스케줄 짜기

④ 신체 조절기법

- 복식호흡과 심호흡하기
- 근육 이완하기

2. 소화기계질환

1) 스트레스성 소화불량

스트레스는 전신의 기능에 영향을 주는데 특히 소화기계에 영향을 많이 준다. 스트레스를 받으면 소화불량이 쉽게 나타날 뿐 아니라 위산과 위에서 단백질 분해효소인 펩신의 분비가 늘어나 위염이나 위궤양 등 소화기계질환을 유발하기도 한다.

(1) 스트레스를 받으면 많이 먹는 형

이런 형은 주로 여자에게 많이 나타난다. 심하면 대식증(bulimia)이나 과잉식욕증

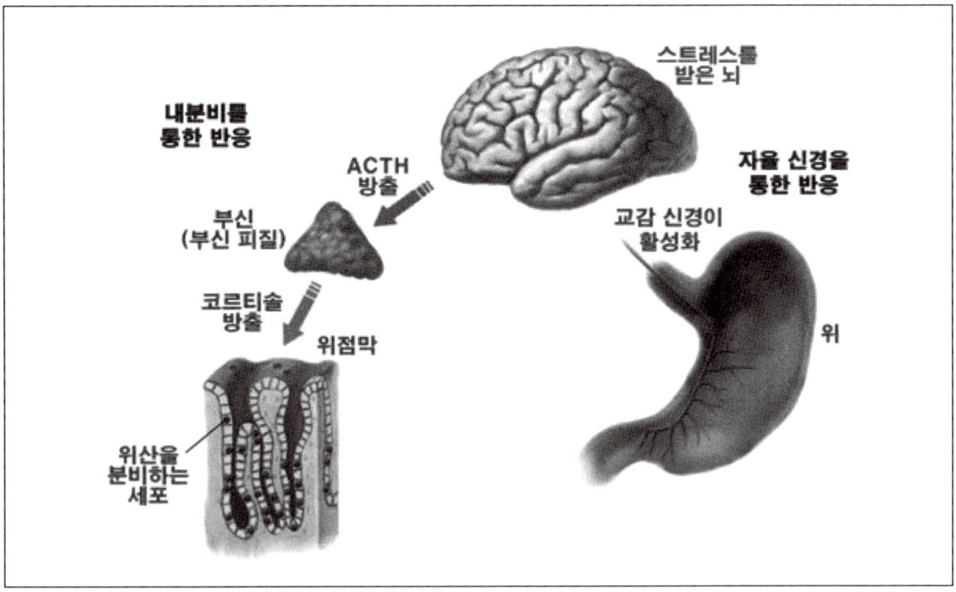

[그림 9-3] 스트레스와 소화기계의 관계

후군(야식증후군, binge eating syndrome)이 될 수 있다.

(2) 스트레스를 많이 받으면 먹지 못하는 형

주로 사춘기 여자에게 많이 나타난다. 심하면 시상 하부에서 방출하는 부신피질 자극호르몬이 많이 나와 식욕이 떨어지는 신경성식욕부진증(anorexia nervosa)이 될 수 있다.

2) 위염

일반인들은 대개 속쓰림이나 소화불량이나 심와부 통증을 위염이라고 알고 있으나 환자를 진찰하는 임상 의사는 내시경으로 증명된 위궤양이나 식도염없이 불편함을 느끼는 것을 신경성 위염이나 비궤양성 소화불량이라고 진단하고, 위 내시경 검사를 하는 내시경 의사는 내시경 검사에서 몇 가지 특징적인 징후를 보이면 위염이라고 진단한다. 흔히 소화불량이나 위경련이라고도 하는 위염에는 급성과 만성이 있다. 급성위염은 주로 병원균, 음식, 술, 약물, 스트레스 등으로 일회성으로 생기는

[표 9-2] 스트레스와 음식

스트레스에 좋은 음식	스트레스에 좋지 않은 음식
알코올·커피·쵸코렛 등 카페인 함유 식품, 청량음료, 고당·고지방 식품	비타민과 무기질이 많은 신선한 야채와 과일, 녹차·대추차 등 차류, 양질의 저지방 고단백 육류, 우유, 섬유질이 많은 표고, 해조류, 전곡 식품

데 2~3일 안에 치료된다. 만성위염은 급성과 달리 증상이 없거나 뚜렷하지 않은 경우가 많은데 방치하면 위궤양이나 위암으로 진행할 수도 있으니 조심해야 한다.

(1) 급성위염

① 헬리코박터균에 처음 감염되거나 세균·바이러스·기생충·진균 등에 감염되었을 경우 발생한다.

② 술·음식·약물에 의해서도 발생한다.

③ 외상에 의한 스트레스에 의해서도 나타날 수 있다.

④ 알코올이나 약물로 위장에 염증이 생기기도 한다.

⑤ 일회성으로 발생하며 2~3일 정도면 회복할 수 있다.

(2) 만성위염

위 점막에 만성적인 염증이 생기는 병으로, 급성위염과는 달리 원인을 분명하게 모르는 경우가 많다.

- 만성위염의 원인

① 헬리코박터균 감염

② 약물, 흡연, 커피, 만성적인 음주

③ 불규칙한 식사로 담즙 역류

④ 위 절제

⑤ 자가면역으로 점막세포 등에 항체가 생성되었을 때

(3) 만성위염의 증상

① 증상이 없음

② 소화불량, 복부가 불편함

③ 심와부(명치)의 통증

④ 복부팽만

⑤ 식욕부진이나 트림

⑥ 구토나 메스꺼움

⑦ 설사

⑧ 토혈

(4) 위염의 치료

위염 치료는 원인과 염증 정도에 따라 다르고, 증상이 없을 때는 대개 치료 대상이 되지 않는다. 위염을 치료할 때는 약물과 식이요법을 병행해야 효과가 좋다. 주로 위산 억제제와 위장점막 보호제를 투여하여, 담배·술·카페인·자극적인 음식은 위염을 악화시키므로 금하는 것이 좋다. 급성과 만성 위염의 원인인 헬리코박터균에 대해서는 논란이 있어 우리나라에서는 권하지 않는다.

① 만성위염의 치료

- 술, 카페인 음료, 산도가 높은 과일주스, 식초, 후추, 겨자, 자극성이 강한 음식은 위염의 증상을 악화시키므로 피한다.
- 육류는 위산의 분비를 촉진시키므로 많이 먹지 않는다.
- 만성위염 환자는 소금에 오래 절인 것, 불에 구워먹는 생선이나 고기, 오래되거나 신선하지 않은 것은 위암 가능성을 높일 수 있으니 피하는 것이 좋다.
- 신선한 야채, 물에 삶은 고기, 신선하게 보관된 음식을 먹는 것이 좋다.

② 급성위염의 치료

- 원인 물질인 알코올, 카페인 음료, 향신료, 차거나 뜨거운 것, 아스피린이나 항생제를 제한한다.

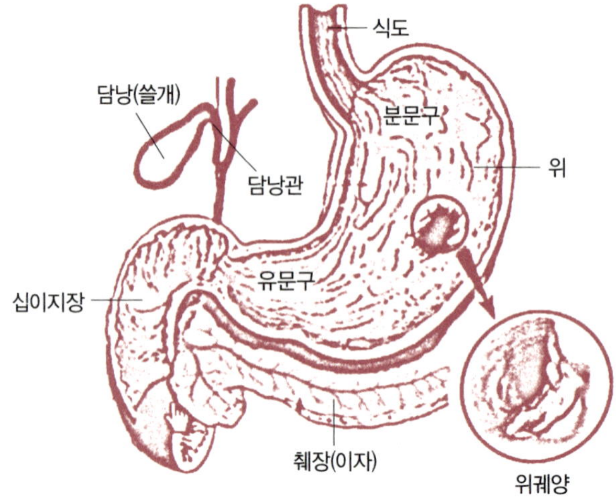

[그림 9-4] 위궤양

- 위를 비운 다음 1~2일간 수분 외의 음식을 금하여 위를 안정시킨다. 그 후 증상에 따라 위액 분비를 덜 촉진시키는 미음 같은 탄수화물 식품을 위주로 한 유동식으로 시작해서 죽과 밥 순으로 점차 바꾼다.

3) 위궤양, 십이지장궤양

위궤양이나 십이지장궤양은 위벽이나 십이지장벽을 보호하는 점막이 흡연·스트레스·약제·헬리코박터균, 악성종양 등으로 손상되어 가장 표면에 있는 점막층보다 깊이 패이면서 점막근층 이상으로 손상된 상태를 말한다.

흔히 소화성궤양이라고 하나 소화성궤양은 위점막을 보호하는 기능이 약해져 위산과 펩신이 소화시켜 손상된 상태를 말한다. 소화성궤양은 위궤양은 물론 십이지장궤양이나 식도궤양 등 위산과 펩신으로 소화되어 생기는 궤양을 모두 일컫는다.

(1) 위점막 보호기능의 저하 원인

① 헬리코박터 파일로리(Helicobacter pylori)균

② 아스피린 같은 해열제·진통제·소염제는 위점막 세포에 직접 작용하거나 프

로스타글란딘이라는 위점막 세포의 생성을 조절하는 물질을 차단한다.

③ 흡연, 커피, 술 등

(2) 소화성궤양의 증세

① 위궤양·위염·십이지장궤양 등에서 복통이나 심와부 통증이 나타나는데, 특별히 특정 질환에 특징적인 복통은 없으므로 증상만으로 질환을 감별하는 것은 어렵다.

② 위궤양은 메스껍거나 체중이 감소하는 경우가 비교적 흔한 편이다.

③ 위궤양으로 인해 장출혈·토혈·흑색변·빈혈이 나타나고, 장폐색으로 인해 구토나 장천공이 나타난다.

(3) 소화성궤양의 치료

① 위궤양 : 위산분비 억제제와 궤양의 치유를 돕는 점막 보호인자 투여

② 헬리코박터균 : 1~2주 동안 두 가지 이상의 항생제와 위산 억제제 복용

③ 위궤양 합병증 : 출혈, 위 출구폐색, 장천공 등의 합병증에 대해서는 내시경 치료뿐만 아니라 수술까지 해야 하는 경우가 많다.

④ 소화성궤양은 적절한 약물치료를 하면서 적절한 음식을 먹어야 한다.

(4) 소화성궤양 환자의 식사

① 위궤양은 특별히 피하거나 먹어야 하는 음식은 별로 없다. 식사량을 적절게 유지하면서 규칙적으로 하는 것이 매우 중요하다.

[표 9–3] 소화성 궤양에 좋은 음식과 좋지 않은 음식

소화성 궤양에 좋은 음식	소화성 궤양에 좋지 않은 음식
정제된 곡류, 감자 등 양질의 단백질, 신선한 야채, 시지 않은 과일, 차, 맑은 국, 우유, 두유, 육류, 생선, 가금류, 달걀류	섬유소가 많은 전곡류, 신맛이나 향이 강한 과일과 채소, 후추·고추·겨자 등 자극적인 향신료를 넣은 음식

헬리코박터 파일로리란?

위궤양은 꼭 위산이 너무 많이 나와 생기는 것만은 아니다. 십이지장궤양은 위산의 분비가 많아져 발생하나 위궤양 환자는 정상인 경우가 많다. 그러므로 위산 분비량보다는 위산과 펩신으로부터 위점막을 보호하는 기능이 저하되었기 때문이라는 주장이 설득력이 있고, 그 주요 원인은 헬리코박터 파일로리라는 세균이라는 것이다.

헬리코박터 파일로리(Helicobacter pylori)는 주로 위점막에 붙어서 서식하는데 위산과 펩신으로부터 스스로를 지키기 위하여 urease라고 하는 효소를 만들어 위산을 중화시킬 수 있다. 즉, 이균에 의해 위내 환경이 중성화되고 이러한 부위에 위산과 펩신이 작용하여 궤양을 형성하는 것이다. 지금은 위염·위궤양·십이지장궤양·위암 등 다양한 위장관 질환의 원인물질로 생각한다.

[그림 9-5] 헬리코박터 감염 현황

② 통증이 있을 때 우유를 마시면 위산을 중화시켜 일시적으로 사라지지만 우유의 칼슘이 위산의 분비를 촉진해 다시 통증이 나타나므로 통증이 있을 때 우유를 마시는 것은 권하지 않는다.

③ 잠자리에 들기 전에 먹는 음식은 위산분비를 촉진시켜 새벽에 통증을 심화시키므로 절제한다.

4) 기능성 위장장애

기능성 위장장애는 특별한 원인이나 질병없이 속쓰림, 더부룩함, 구토, 소화불량, 부글거림 등의 증상이 3개월 이상 지속되는 만성질환이다. 우리나라 인구 10% 이상에서 생기는 매우 흔한 병이다. 일반인에게는 위하수, 신경성위염, 소화불량, 과민성 대장증후군 등으로 알려져 있으나 의학적으로는 기질적인 병변이 없이 소화기 계통의 기능에 이상이 오는 것이므로 기능성 위장장애라고 한다.

(1) 원인

정확한 원인은 밝혀지지 않았다. 위의 감각·운동·흡수 기능의 장애, 과거 위장관 감염, 정신적 사회적인 요인 등이 복합적으로 작용하는 것으로 추정한다.

(2) 위와 관련된 기능성 장애의 증상

상부 위장관 증상으로 복통, 오심(구역), 구토, 속쓰림, 더부룩함, 소화불량 등과 하부 위장관 증상으로 설사, 변비, 가스, 부글거림 등이 나타난다.

(3) 대장과 관련된 기능성 장애의 증상

대표적으로는 과민성 대장증후군과 변비를 들 수 있다. 과민성 대장증후군은 복통을 동반하는 변비, 통증없는 설사나 무른 변, 변비와 설사가 반복되는 양상의 세 가지로 구분할 수 있다.

(4) 변비

변비로 시달리는 사람이 많지만 어떤 상태를 변비라고 해야 하는지 한마디로 정의하기는 어렵다. 규칙적으로 정상적인 배변을 못하는 경우를 변비라고 할 수 있다. 즉, 변비라고 하는 객관적인 기준이 있는 것이 아니라 자신이 느끼기에 양이 적어지거나 딱딱해지거나 힘들어지거나 횟수가 줄어들거나 배변 후에도 시원하지 않을 때 등 다양한 경우를 말한다. 따라서 이틀에 한 번 보면 어떤 사람은 정상으로 생각할 수도 있고 또 어떤 사람은 변비라고 느낄 수도 있다.

(5) 변비의 종류

① 일과성 단순 변비 : 환경의 변화나 일시적인 스트레스가 원인이다.

② 증후성 변비 : 질병 때문에 생기는 변비이다. 구토나 복통이 따른다.

③ 상습성 변비 : 특별한 원인없이 장의 기능이 떨어져 생기는 기능성 변비이다.

- 직장성 변비 : 화장실 가는 것을 참거나 반복적인 관장이 원인이 되어 변의가 생기지 않는 습관성 변비이다. 최근 젊은 여성들에게 증가하는 추세이다.
- 경련성 변비 : 대장의 과민으로 수축운동이 강해져 변을 내보내는 시간이 느려진다. 변비와 설사를 반복하는 과민성 장증후군의 하나로 복통과 구토, 메스꺼움을 동반한다. 긴장·불안·과로 등의 스트레스, 자극적인 커피·콜라·술·홍차 등의 지나친 섭취, 설사약이나 항생제의 남용이 원인이다.
- 이완성 변비 : 대장의 연동운동이 둔해져서 발생하는 변비이다. 복근이 약한 고령자나 마른 여성, 운동이 부족한 사람에게 많이 생긴다.

(6) 변비의 원인

① 스트레스

② 대장이나 직장의 이상

③ 신경학적 질환이나 신부전 등이 있을 때

④ 진통제·제산제·고혈압 치료제·경구피임약 등의 약물

⑤ 다이어트로 인한 소식이나 편식

⑥ 운동부족

(7) 변비의 종류와 증상에 따른 식사요법

① 경련성 변비(과민성 대장증상)

- 대장이 과민상태가 되어 불규칙한 수축을 하므로 변비나 설사가 발생하며 우리나라 인구의 약 10% 정도가 지니고 있는 질환으로 알려져 있음
- 복통, 점액질 변, 복부팽만, 잦은 트림·방귀, 전신 피로, 두통 등
- 지나친 긴장·불안·과로 등의 스트레스, 카페인 음료, 술, 지방이 많은 음식 또는 설사약이나 항생제의 남용 등이다.

② 경련성 변비 치료와 예방

- 변비의 원인이 되는 스트레스를 해소해준다.
- 경련성 변비에는 섬유질이 적어 소화가 잘되는 저섬유질 곡류, 산미가 강하지 않은 과일 등이 좋으며 자극성이 강한 음식, 향신료가 많은 음식, 탄산음료, 고지방음료는 피하는 것이 좋다.

③ 이완성 변비

- 이 증상은 상습성 변비의 대부분에 속한다.
- 병인은 장관자체의 근력연동운동의 저하, 복압의 저하 등으로 섬유소가 적은 음식의 섭취, 운동 부족, 배변억제, 복압감퇴(노인, 다산부) 등에서 볼 수 있다.
- 변통은 곤란하며 횟수가 적고 직장지진(指診)에서 숙변(宿便)이 만져진다.
- 섬유성 식물섭취, 운동, 배변의 습관, 하제, 관장 등에 의해 변통을 보게 된다.

④ 이완성 변비의 치료법

- 규칙적인 충분한 식사와 배변
- 충분한 섬유질과 수분의 공급
- 하제와 관장의 적절한 배합
- 적절한 운동

⑤ 이완성 변비에 좋은 식품

- 경련성 변비와는 반대로 섬유질이 많고 장벽을 자극하는 자극성 식품, 수분이나 차가운 것(이른 아침에 마시는 우유나 물은 대변을 부드럽게 하거나 대

장을 자극해서 배변을 촉진하는 효과)

- 현미, 잡곡밥, 신선한 채소와 과일, 해조류, 우유, 발효유, 자극성 있는 향신료 등이 효과적이다.

⑥ 변비 예방과 개선

- 물을 많이 마신다.
- 충분한 식사량으로 규칙적인 식사를 한다.
- 섬유질을 충분히 먹는다.
- 매일 규칙적으로 일정한 시간에 배변한다.
- 배변 시 너무 오래 앉아있거나 힘을 주지 않는다.
- 변비약은 신중하게 쓴다.
- 가능하면 운동을 많이 한다.

(8) 설사

설사란 너무 묽거나 물 같은 변이 나오는 것을 말한다. 원인은 매우 다양하나 크게 세 가지로 나눌 수 있다.

① 장관 내 흡수가 안 되는 물질에 의한 삼투성 설사

② 장 점막의 손상없이 세균성 독소, 담즙산, 지방산, 설사제 등의 분비 촉진제에 의한 분비성 설사

③ 염증성 장질환이나 허혈성 장질환 등 장 점막의 구조적 손상에 의한 점막 손상성 설사

(9) 설사 환자의 음식

설사는 갑자기 일어나는 급성과 장기간 계속되는 만성으로 나눌 수 있으나 어느 쪽이든 균형있는 식사와 매우 밀접한 관계가 있다.

① 급성설사

- 수분이 많이 손실되므로 수분을 충분히 섭취해 탈수를 막아야 한다.

- 하루 정도 음식을 끊고 위장을 비운 후 죽처럼 유동식으로 시작해서 부드러운 일반식을 먹는다.
- 자극과 기름기가 적으며 소화가 잘 되는 음식을 먹는다.

② 만성설사

- 의학적으로는 2~3주 이상 지속되는 설사를 만성설사라고 한다.
- 체력을 유지하기 위해 영양을 충분히 고려해서 음식을 먹는다.
- 장을 자극하지 않고 소화가 잘 되는 저섬유식 식사를 한다.
- 설사환자는 과다한 향신료, 가열하지 않은 고기와 생선, 아이스크림, 얼음, 섬유소가 많은 채소 등은 피하는 것이 좋다.

section 10

흡연과 영양

흡연은 본인에게 뿐만 아니라 주변 사람에게도 피해를 줄 수 있는 백해무익한 습관이다. 흡연자는 조금이라도 빨리 금연하는 것이 좋으며 아직 배우지 않은 사람이라면 이후로도 절대 관심을 갖지 않는 것이 최선이다. 담배를 태울 때 수천 가지 화학물질이 발생하며 이 중 적어도 200여 종 이상의 물질이 인체에 유해하다. 그런 이유로 담배 한 대를 피우면 약 5분 정도 수명이 준다고 한다.

담배의 성분 중 특히 문제가 되는 것은 일산화탄소·청산·암모니아 등의 유독가스, 포르말린·니코틴·벤조피렌·니토로사민·페놀과 같은 발암성 및 강한 생리활성을 갖는 유해성분들이다. 이들 유해물질의 발생은 담배를 피울 때보다 그냥 타들어갈 때 훨씬 더 많이 발생한다.

1) 흡연실태

① 우리나라 2010년 통계에 의하면 폐암으로 인한 사망률이 최근 10년 사이에 2배로 증가했으며 암 발생빈도 중 1위이다. 이는 흡연인구의 증가가 주요인으로 해석되고 있다.

② 2010년 우리나라 흡연인구는 전체 22.4%, 남자 42.6%로 2001년 이래 비교적 급속히 감소하고 있는 추세이나 남자만 봤을 때는 아직 OECD국 중 4위를 차지하는 높은 비율을 점하고 있다.

③ 20대 이상 성인의 흡연율 변화 추이를 보면 남자는 감소했으나 여성은 오히려 증가했다. 특히 여자는 20대가 가장 많이 증가했다.

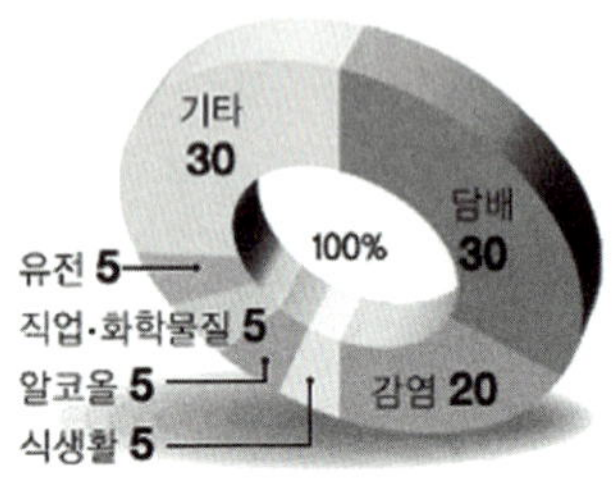

[그림 10-1] 국내 암사망 원인

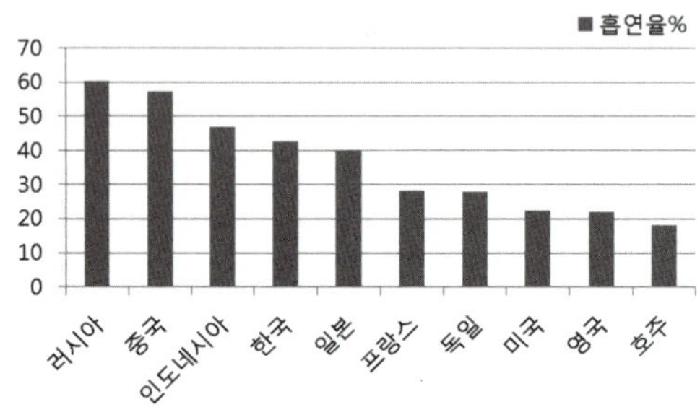

[그림 10-2] 나라별 남자 성인 흡연 인구

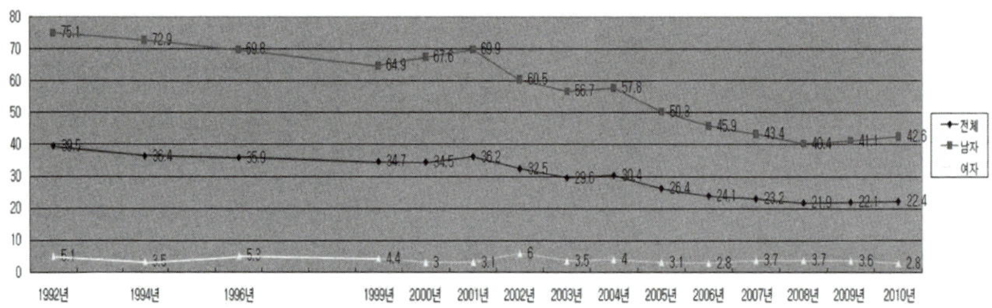

[그림 10-3] 우리나라 성인 흡연율 변화 추이

• 조사 대상(전국 만 19세 이상 성인 남녀 3,000명)
- 성인 남자 흡연율 : ('09.12) 43.1% →('10.6) 42.6% →('10.12) 39.6% →('11.6) 39.0%
- 성인 여성 흡연율 : ('09.12) 3.9% →('10.6) 2.8% →('10.12) 2.2% →('11.6) 1.8%
- 남자 흡연율 : (30대)51.2.1%〉(40대)42.3%〉(20대)40.5%〉(50대)34.1%〉(60대)20.1%
- 여성 흡연율 : (20대)3.6%〉(60대)2.1%〉(50대)1.6%〉(40대)1.2%〉(30대)0.9%
- 최초 흡연 연령 : ('10.6) 21.2세 →('10.12) 21.1세 →('11.6) 20.6세
- 규칙적 흡연 연령 : ('10.6) 22.1세 →('10.12) 21.6세 →('11.6) 21.2세

④ 꾸준한 계몽으로 여자 흡연자와 청소년 흡연자도 감소추세로 돌아섰으나 중학생 흡연율은 줄지 않고 있다.

2) 담배의 유독성분

(1) 타르

타르에는 약 20여 종의 발암물질을 포함해 유해물질 대부분이 들어 있다. 담배 연기를 통해 폐로 들어가며 혈액에 스며들어 우리 몸의 모든 세포나 장기에 피해를 줄 수 있다. 구강·기관지에는 직접적으로 작용하여 표피세포를 파괴하거나 염증을 유발한다. 담배 1개피를 피울 때 흡입되는 타르의 양은 약 10mg 정도이다.

(2) 니코틴

담배 1개피 당 0.1~2mg 정도의 니코틴을 함유하는데 니코틴은 자율신경계를 자극해 혈관을 수축시킨다. 그 결과 혈압이 상승되고 조직에 산소공급이 원활히 되지 못하게 한다. 사람에 대한 치사량도 40mg으로 맹독성을 지닌 물질이다.

또한 니코틴은 혈중 HDL 농도를 떨어뜨리고 동맥에 콜레스테롤의 침착을 촉진시켜 동맥경화의 원인이 되고 혈액응고 시 혈소판 응집능력을 증대시켜 혈액이 응고되기 쉽게 하므로 혈전이 생기기 쉽고 심근경색을 일으키기 쉽다. 니코틴은 흡연 후 혈중농도가 수분 내에 최대에 이르고 15분 정도 지나면 급격히 저하된다. 혈중 니코틴

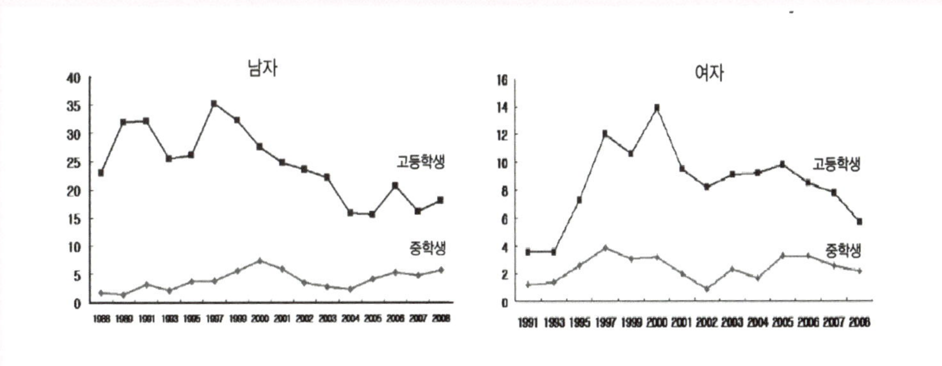

[그림 10-4] 우리나라 청소년 흡연율 변화 추이

농도가 낮아지면 흡연욕구를 느끼게 된다.

(3) 일산화탄소

일산화탄소는 헤모글로빈과 결합해 산소공급을 감소시킨다. 일산화탄소와 결합한 헤모글로빈이 10% 정도에서 심한 운동시에 호흡곤란을, 20%를 상회하면 두통 및 가벼운 운동에서도 호흡곤란 증상이 나타나며 50% 이상 시 의식을 잃고 60%에 이르면 사망한다. 비흡연자의 일산화탄소 결합 헤모글로빈이 1~2% 정도의 것에 비해 흡연자는 보통 3~4%, 흡연 중에는 10% 정도까지, 하루 30개피 이상의 체인스모커는 20%가 넘는다.

3) 흡연과 질병

역학조사에 의하면 비흡연자가 흡연자에 비해 수명이 평균 5~8년 정도 길다. 이유는 흡연자는 아래와 같은 질병들에 걸릴 확률이 높기 때문이다.

(1) 폐암

① 흡연은 폐암·후두암·구강암·식도암·췌장암 등 여러 종류의 암을 유발하며 특히 폐암의 발병률을 높인다.

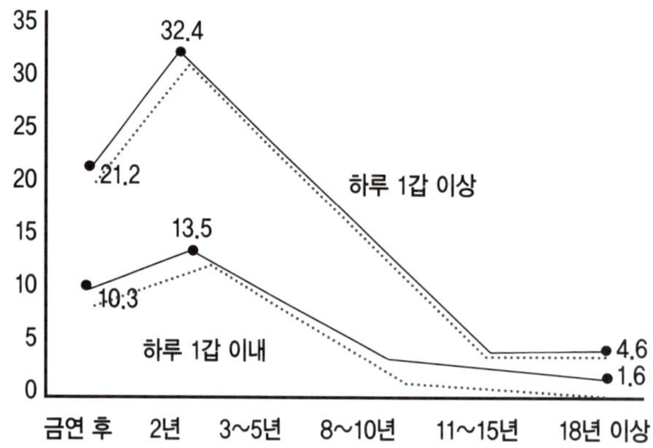

[그림 10-5] 금연 후 폐암 발생 위험률(비흡연자에 대한 비율)

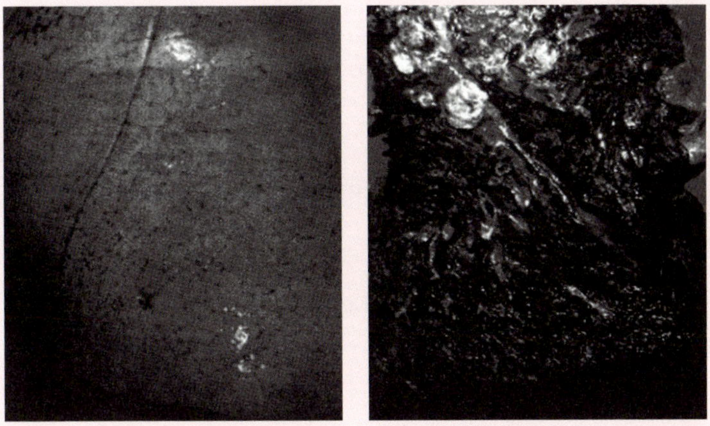

[그림 10-6]
정상인(왼쪽)과
폐암환자(오른쪽)의 폐

② 1999년까지만 해도 우리나라에서 암으로 인한 사망률 1~2위였던 위암과 간암은 현저히 감소했으나 폐암은 10만 명당 사망자 수가 1990년 14.4명에서 1999년 22.1명, 2010년에는 29.9명으로 1위의 암이 되었는데 이는 흡연율이 매우 높았던 과거의 결과로 생각된다.

③ 흡연자는 비흡연자에 비해 최고 폐암 발생률이 30배 높고, 어린 나이에 시작했을 경우에는 위험도가 더 높다.

(2) 만성폐질환

흡연자는 비흡연자보다 폐기종이나 만성기관지염 등의 만성폐질환에 의해 사망하는 확률이 약 10배 높다.

[표 10-1] 담배의 피해

1차 해독	생리병리	호흡기 : 기관지염, 폐렴, 폐암 등 순환기 : 고혈압, 운동기능 저하 소화기 : 위장병, 인후염, 간질환
2차 해독	생활활동	심리적 중독, 작업과 생활에 지장, 공기 오염, 두통
3차 해독	자손, 태아	태아의 발육 불량, 기형, 두뇌 발육 장해
4차 해독	생산성	시간·경제적 손실

(3) 심혈관계질환

① 흡연은 고혈압·고콜레스테롤혈증·동맥경화를 유발하는 주요 위험인자 중 하나이다. 특히 심근경색·말초혈관 질환·뇌졸중을 일으키는 위험인자이다.

② 심혈관계질환의 발생은 흡연량에 따라 증가하며 대다수의 관상동맥 질환자는 흡연자이거나 과거 흡연경력이 있다.

③ 여자 흡연자의 심근경색증의 위험도는 비흡연자에 비해 3배나 높다

4) 흡연과 영양

① 흡연자들은 보통 식습관이 좋지 않은 경우가 많은데 이에 따른 영양상태의 불균형이 흡연에 따른 직접적인 피해를 주고, 흡연자를 건강하지 못하게 하는 요인이 될 수 있다.

② 흡연은 HDL-콜레스테롤은 낮추고 중성지질과 LDL-콜레스테롤은 높인다. 적은 양이라도 지속되면 동맥경화증 등 심혈관계질환의 위험률이 높아진다.

③ 담배연기에는 지질과산화를 개시하고 촉진할 수 있는 유리라디칼이 다량 함유되어 체내에서 이를 중화시키려면 비흡연자보다 비타민C 등의 항산화 영양소를 많이 섭취해야 한다.

5) 여성과 흡연

① 여자는 남자보다 폐가 작기 때문에 남자 흡연자보다 훨씬 더 해롭다.

② 여자 흡연자가 호흡기질환으로 숨질 위험은 남자 흡연자의 2배이고, 심장마비나 뇌졸중 등 혈관성질환으로 숨질 위험은 1.5배 정도 높다.

[표 10-2] 여자 흡연의 악영향

임신기, 출산기	미숙아·선천성 기형아 출산, 사산, 출산할 때 합병증
수유기, 육아기	모유의 질과 양 저하, 영아 호흡기질환 증가, 지능과 신체 발육 저하
생식기관 이상	조기폐경, 불임, 암 발생 증가, 피부 조기 노화

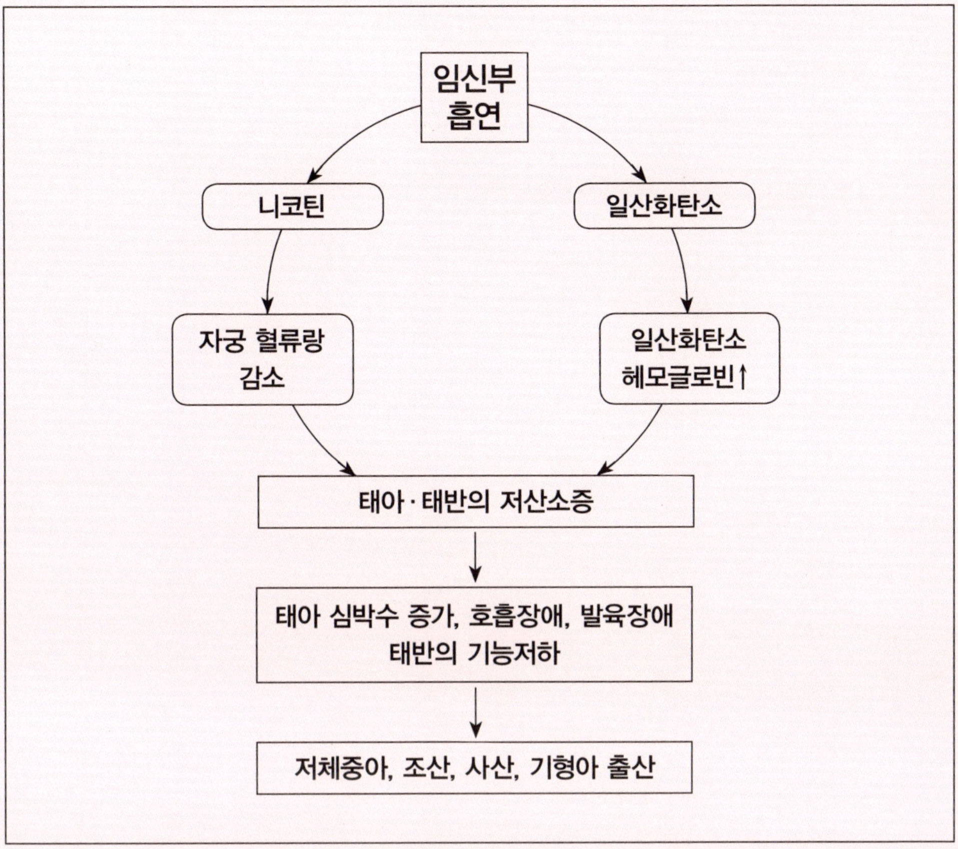

[그림 10-7] 임신이나 출산 중 흡연의 치명적인 결과

③ 여자는 임신·출산·육아를 담당하므로 본인의 건강뿐만 아니라 태아와 가족의 건강에 미치는 영향이 심각하다고 할 수 있다.

6) 간접흡연

① 간접흡연은 비흡연자가 담배연기에 노출되는 것을 말한다.

② 보통 담배연기 중 75~85%는 그냥 태우는 비주류 연기인데, 주류 연기에 비해 암모니아·탄산가스·일산화탄소 농도가 더 높고 발암물질도 더 많다.

③ 간접흡연자는 직접흡연을 했을 때와 마찬가지로 각종 질병발생과 사망위험성도 증가하며 흡연자의 배우자는 비흡연자의 배우자보다 폐암에 걸릴 확률

이 약 30% 높고 심장병에 걸릴 위험성이 50% 더 높다.

④ 어린이와 태아는 그 피해가 더욱 커서 부모가 담배를 피워 간접흡연을 한 어린이는 감기·기관지염·폐렴 등 상기도염에 감염될 확률이 약 2배 정도이고, 암에 걸릴 확률은 100배 이상 높다.

7) 담배를 끊으면 좋은 점

① 만성적인 가래와 기침에서 해방된다.

② 불쾌한 담배 쩐 내에서 해방된다.

③ 주변이 청결해진다.

④ 돈이 절약된다.

⑤ 시간을 낭비하지 않는다.

⑥ 음식맛이 좋아진다.

⑦ 비흡연자의 편안함이 있다.

⑧ 콘택트렌즈 사용이 편해진다.

⑨ 노화속도를 지연시킨다.

⑩ 누런 치아가 깨끗해진다.

8) 담배를 끊는 방법

① 물을 많이 마신다.

② 술자리를 피한다.

③ 흡연과 관련된 물건들을 없앤다.

④ 적당한 운동을 한다.

⑤ 취미생활을 한다.

⑥ 자극적인 음식을 피한다.

⑦ 금연 프로그램을 활용하는 것도 효과적이다.

⑧ 단번에 끊는 것이 좋다.

section 11

음주와 영양

서양 속담에 “Baccus has drowned more people than Neptune” 라는 말이 있다. 술의 신인 박카스가 술독에 빠뜨려 죽인 사람이 바다의 신인 넵튠이 바다에 빠뜨려 죽인 사람보다 많다는 말이다. 우리나라에서도 술은 잘 마시면 ‘백약의 으뜸’이나 잘 못 마시면 ‘패가망신’의 원인이 된다고 여겨왔다. ‘술은 반만 취해야 좋고, 꽃은 반만 피어야 곱다’는 속담처럼 음주로 인한 실수와 건강의 해로움을 경계해왔다. 여기서는 알코올이 인체에 미치는 영향과 건강한 음주법과 영양관계를 알아보자.

1) 알코올의 대사

에탄올(이하 알코올)은 주로 위장과 소장에서 빠른 속도로 흡수되며 흡수된 에탄올은 대부분이 간에서 대사되는데 간에서 분해되는 속도는 시간당 7~10g이다. 간에서 분해되지 못한 알코올은 혈액과 더불어 계속 순환된다. 2% 이내 소량의 알코올은 폐에서 호기로 방출된다. 알코올이 분해되는 과정은 다음의 그림과 같다.

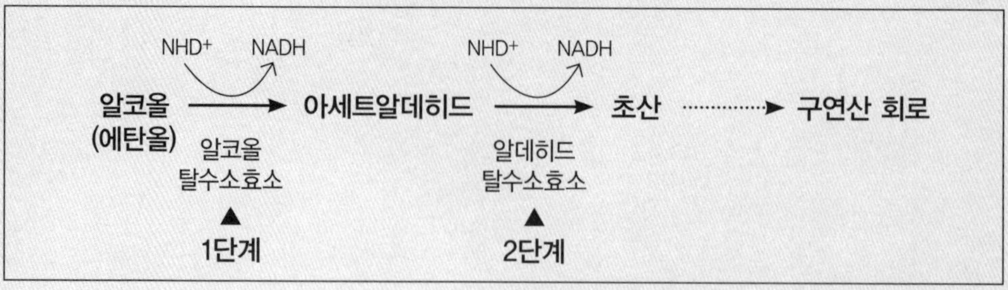

[그림 11-1] 간의 알코올 산화과정

간에서 알코올은 1차적으로 알코올 탈수소 효소에 의해 아세트알데히드로 바뀌고 아세트알데히드 탈수소 효소의 작용을 받아 초산으로, 이것은 다시 활성초산으로 바뀌어 에너지를 생성하는 구연산 회로로 들어가 에너지를 생성한다. 위의 대사과정에서 생성된 NADH는 알코올의 에너지를 다른 대사과정으로 전달될 수 있다. 각종 술에 포함된 알코올에서 발생할 수 있는 에너지양은 아래의 표 11-1과 같다.

2) 알코올과 에너지

① 초산은 활성초산으로 활성화되어 다른 분자의 합성에 쓰이거나 이산화탄소와 물로 대사되어 에너지를 생성할 수 있으며 초산 형태로 혈액을 통해 근육과 같은 다른 조직으로 운반된 후 그곳에서 활성화된 후 이용될 수도 있다.

② 알코올은 그램당 7.1㎉의 에너지를 만드나 다른 영양소가 전혀 없기 때문에 '빈열량소 empty calories'라고 불리며 저급한 영양소로 취급되어 다른 영양소의 소화·흡수·저장·대사에도 지장을 초래한다.

③ 에너지 대사에서 소비되지 못한 알코올은 간에서 중성지방으로 바뀌어 축적되는 지방간의 원인이 되기도 한다. 높은 에너지 밀도 때문에 비만의 요인 중

[표 11-1] 주종별 에너지 함량

소주 1병 (360mℓ)	맥주 1병 (500mℓ)	와인 1병 (700mℓ)	막걸리 1병 (700mℓ)	위스키 1병 (700mℓ)
400㎉	140㎉	510㎉	235㎉	1,570㎉

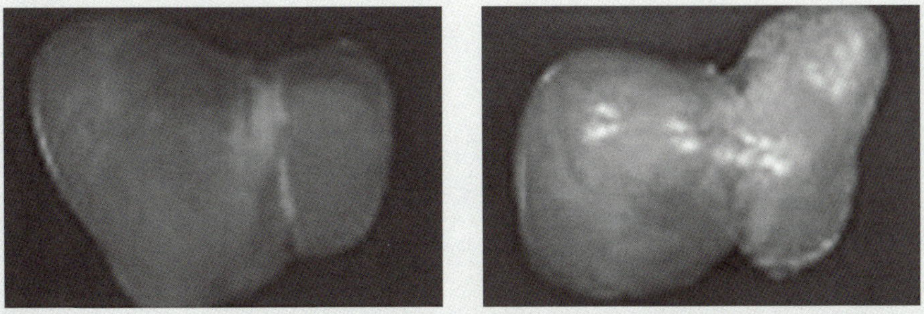

[그림 11-2] 정상 간(왼쪽)과 지방 간(오른쪽)

하나가 될 수 있다.

④ 알코올과 함께 먹는 고에너지의 안주는 비만의 원인이 된다.

⑤ 간에서 알코올이 대사되며 발생한 NADH 농도의 증가는 지방의 분해를 억제하고 지방합성을 촉진해 알코올성 간질환의 첫 단계인 지방간을 만든다.

⑥ 한국인의 경우 15~16% 정도는 알데히드 탈수소 효소가 결여되어 있어 알코올 분해능력이 크게 떨어지고 이에 따른 부작용이 두드러지게 나타난다.

음주 측정기의 원리

음주 측정기는 호흡에 나타나는 알코올 농도를 측정하는 것이다. 혈중 알코올 농도(Blood Alcohol Content, BAC)는 혈액의 알코올 농도를 퍼센트로 나타내고, 혈중 알코올 농도는 일정 부피의 혈액에 포함된 에탄올 질량으로 표현한다. 혈중 알코올 농도가 0.05%라고 하면 혈액 100㎖에 에탄올이 0.05g 들어 있다는 의미이다.

전기 화학적 측정 장치(electrochemical screening instruments)는 숨 속에 들어 있는 에탄올의 산화반응을 이용해서 혈중 알코올 농도를 계산한다. 음주측정기는 호흡 속의 알코올 가스를 측정해 이를 혈중 알코올 농도로 계산해주는 것이다.

숨을 불어넣으면 에탄올을 함유한 숨은 백금 전극으로 간다. 여기서 에탄올은 아세트산으로 산화되었다가 다시 이산화탄소로 산화된다. 이때 산화반응으로 발생한 전자의 흐름이 전류를 발생시키고, 이 전류의 양을 기계 안의 장치가 수치로 보여주는 것이다.

3) 알코올과 영양소

① 알코올은 비타민 B·C의 흡수를 방해하기 때문에 술을 많이 마시면 이 성분이 부족할 가능성이 높다. 비타민B는 아세트알데히드의 분해를 돕는 작용을 한다.

② 만성음주자나 알코올 중독자는 정상인에 비해 비타민 A·D·E의 저장량이나 혈중 농도가 훨씬 낮다.

③ 비타민 A·D·E의 감소는 체내 사용량의 증가에 기인하며 그로 인하여 심각한 결핍증상이 나타날 수 있다.

④ 알코올 중독자에게서 볼 수 있는 기억상실증(Wernicke-Korsakoff's syndrome)은 음주로 인한 영양불량(특히 티아민 결핍)과 관계있는 것으로 본다.

⑤ 알코올은 칼슘의 배설을 증가시키고, 칼슘의 흡수를 방해하여 골밀도를 떨어뜨리는 원인이 된다.

⑥ 알코올은 조골세포의 활성을 저해하여 뼈의 형성을 막는다.

주량 계산하는 방법

지식경제부 표준기술원에서 공개한 '이론적인' 주량 계산법은 아래와 같다. 근거는 체중과 주량이 비례한다는 것으로 개인차가 있으니 단지 참고사항으로 생각하면 된다.

주량(cc) =(체중(㎏)/알코올 도수)×120

알코올 분해효소와 체중 등 유전이나 신체 조건뿐 아니라 후천적인 습관으로도 주량은 달라진다. 후천적인 습관은 음주 습관을 말하는데, 빈 속에 마시거나 빨리 마시거나 섞어 마시면 더 빨리 취한다. 개인의 주량에 관계없이 적정한 양은 성인 남자는 하루에 2~4잔, 성인 여자는 절반 정도가 좋다.

[표 11-2] 개인별 알코올 흡수와 분해 능력 차이(성인 남자 체중 70㎏, 음주 1시간 후 기준)

종 류	혈중 알코올 농도			비 고
소주 25도	2잔 0.04%	3잔 0.06%	5잔 0.10%	1잔 50㎖
청하 15도	3잔 0.03%	4잔 0.05%	9잔 0.10%	1잔 50㎖
양주 40도	2잔 0.04%	3잔 0.06%	5잔 0.10%	1잔 30㎖
맥주 5도	2잔 0.05%	3잔 0.06%	5잔 0.10%	1잔 250㎖
막걸리 6도	2잔 0.05%	3잔 0.06%	5잔 0.10%	1잔 250㎖
포도주 12도	-	2잔 0.06%	4잔 0.10%	1잔 150㎖

• 0.05% 운전면허 정지, 0.1% 운전면허 취소

4) 알코올 대사에 영향을 미치는 요인

① 같은 양을 마시고 같은 시간이 지나도 개인이나 성별에 따라 혈중 알코올 농도나 알코올 분해 속도는 다르다.

② 혈중 알코올 농도를 결정하는 주요 인자는 위장 내의 알코올 탈수소 효소와 간의 알데히드 탈수소 효소의 활성이다.

③ 아스피린이나 위장약 같은 약물을 알코올과 함께 복용하면 위의 알코올 분해를 억제한다

5) 여자의 음주

① 임신부의 알코올 섭취는 태아에 영향을 주므로 저체중·사산·기형아 출산의 위험성이 있고, 성장하면서도 학습장애나 집중력 부족 등을 겪을 수 있다.

② 여자가 남자보다 술에 약한데 이유는 체구가 작아 알코올 분산율이 적고, 위장 점막의 알코올 탈수소 효소의 활성이 남자보다 훨씬 낮기 때문이다.

③ 여자는 만성과음에 의한 지방간 및 간 비대 증상도 훨씬 취약하다.

알코올성 건망증후군

알코올성 건망증후군이란 장기간의 음주 후에 오는 기질적인 정신병으로, 기억장애가 두드러지게 나타나는 베르니케 증후군과 코르사코프 증후군을 합하여 부르는 말이다. 비타민 결핍이 주된 원인이다. 코르사코프 증후군은 만성 알코올 의존 질환에서 나타나는 증상으로 기억력 감퇴, 파지력 장애, 정신착란 등이 주로 나타난다. 베르니케 증후군은 알코올성 정신병 중에서도 정도가 가장 심하고 예후가 나쁘다고 알려져 있는데 의식장애, 혼미, 착란, 기억장애 등이 두드러지게 나타나는 것이 특징이다.

6) 음주와 숙취

숙취란 술을 마시고 다음 날 잠에서 깬 후까지 특이한 불쾌감이나 두통·현기증·무기력감·근육통·심신의 작업능력 감퇴 등이 1~2일간 지속되는 것을 말한다. 숙취를 유발하는 물질에는 다음과 같은 것들이 있다.

(1) 알코올

① 정상 성인이 하루에 분해할 수 있는 알코올의 양은 소주 2병 정도인 160~180g이다. 알코올 분해는 시간의 경과에 따라 서서히 이루어지는데 아직 대사되지 못한 알코올이 다음 날에도 영향을 미친다.

② 알코올은 탈수, 전해질 불균형, 위장과 소장 내벽의 염증을 유발한다.

③ 알코올 농도가 높은 술을 마시면 저혈당을 초래할 수 있다.

(2) 아세트알데히드

① 알코올 분해과정 중에 생성되는 아세트알데히드는 혈관을 확장시켜 두통과 구토가 일며 맥박이 빨라지고 가슴 두근거림과 안면홍조 등을 유발하는 주요 물질이다.

② 알코올 탈수소 효소의 분비량은 비슷하나 알데히드 탈수소 효소는 개인차가 심하며 이 효소의 분비량에 따라 주량이 결정된다고 할 수 있다.

(3) 기타

① 과실을 원료로 제조하는 술들은 특히 메탄올 함량이 많은데 메탄올을 간에서 대사되어 매우 독성이 강한 포름알데히드와 포름산을 생성하여 이들 물질이 숙취를 초래할 수 있다.

② 기타 고급 알코올(fusel oil)이나 술에 넣는 첨가물도 숙취원인이 될 수 있다.

7) 알코올이 신체에 미치는 영향

① 만성적인 과음과 폭음은 위·간·뇌조직 등 신체의 대부분의 기관을 손상이나 열화시킨다.

② 간 손상은 전체적인 영양·건강 상태 이상으로 연결된다.

③ 만성과음에 의한 미크로솜 자체의 대사가 항진되어 많은 영양소 및 약물의 대사에 영향을 미친다.

- 뇌 : 아세트알데히드가 뇌기능을 떨어뜨려 행동이 변하고 말이 어눌해 진다. 뇌세포를 파괴해 치매 위험이 증가한다.
- 피부 : 알코올이 수분과 함께 배출되어 건조해 진다.
- 심장 : 심근을 딱딱하게 만들어 심근증이나 심부전 위험이 증가한다.
- 간 : 아세트알데히드가 빨리 분해되지 못하면 지방간 위험이 증가한다.
- 소장 : 알코올의 70%를 흡수한다. 과음하면 소장운동이 과도해져 영양분 흡수가 나빠지고 설사를 유발한다.
- 면역세포 : 아세트알데히드가 면역세포 기능을 저하시킨다.
- 폐 : 아세트알데히드가 물과 탄소로 분해되어 호흡으로 배출한다.
- 위 : 과음하면 위염, 위궤양, 위산역류 등의 위험이 증가한다.
- 방광 : 아세트알데히드가 물과 탄소로 분해되어 소변으로 배출된다.

(1) 알코올과 약물

① 알코올로 인해 약물대사가 변하는 경우가 많기 때문에 약을 먹을 때는 절대 술을 금해야 한다.

② 진통제나 해열제로 쓰는 아세트아미노펜은 알코올을 함께 먹으면 강한 독성이 일어날 수 있는 대표적인 약물이다. 알코올은 간에서 이 약물의 독성 대사물 생성을 촉진할 수 있다. 따라서 알코올 섭취 후 진통제를 먹을 때는 전문가의 도움을 받아야 한다.

(2) 음주의 장단점

적정량의 음주는 대개 남자는 하루 두세 잔, 여자는 한 잔 반 정도가 적당하다고 한다. 한 잔은 와인이나 도수가 높은 술을 기준으로 한 것이며 맥주 기준으로는 한 병에 해당하며 적정량이라 하더라도 일주일에 1~2일은 쉬는 것이 좋다.

① 숙면을 방해한다. 잠들기 전 음주는 수면에 도움을 줄 수도 있지만 숙면을 방해하여 한밤중에 깰 가능성도 커진다.

② 약물의 효능을 방해한다. 알코올과 다른 약물을 함께 먹게 될 경우 알코올이 간에서 다른 약물의 흡수와 대사를 방해하여 심각한 부작용을 야기할 수 있다. 뇌졸중 예방약이나 아세트아미노펜은 알코올과 함께 먹으면 안 된다.

각 나라의 건배 말

- 중국 : 칸베이(乾杯)
- 일본 : 칸빠이(乾杯)
- 영국, 호주 : 치어즈(cheers)
- 북미 : 치어즈 굿 핼즈(good health), 토우스트(toast)
- 하와이 : 오콜레 말루나(okle maluna)
- 프랑스 : 아 보트르 상태(avotre sante)
- 독일 : 프로스트(prost), 쭘볼(zum wohle), 프로우시트(prosit)
- 러시아 : 자로세 츠다로비예(당신의 건강을 축하해서)

③ 이뇨작용을 한다. 알코올은 몸의 수분을 빨리 배출시키는 효과가 있다. 이뇨 효과는 맥주에서 두드러지고 독한 술이나 와인은 상대적으로 덜하다.

④ 심장병과 심장마비를 줄인다. 지나친 알코올은 혈압을 높여 문제를 발생시키지만 적정량의 흡수는 혈압을 낮추는 효과가 있다.

⑤ 발작을 줄여준다. 발작의 가장 일반적인 형태는 허혈성 발작인데 뇌에 혈액을 공급하는 혈관에 문제가 생겼을 때 발생한다. 적정량의 알코올은 뇌에 혈액을 보내는 데 도움을 주고 따라서 발작을 줄이는 효과가 있다.

⑥ 대인관계를 증진시킨다.

section 12

암과 영양

종양은 정상세포와 달리 어느 정도 자란 후에도 성장을 멈추지 않고 무한증식하는 모든 종류의 세포덩어리를 의미한다. 악성과 양성으로 구분하며, 암이란 악성종양을 말한다. 암은 우리 몸의 모든 조직이나 기관에서 발생할 수 있고 다른 조직으로 전이되는 성질이 있다. 암은 남녀노소를 가리지 않고 발생하며 우리나라에서도 사망원인의 20%를 상회하고 있으며 최근 수년간 사망원인의 1위를 차지하고 있다. 2010년 출생아가 향후 암으로 사망할 확률이 남자 28.3%, 여자 17.0%이며 암이 제거된다면 기대수명이 남자는 4.9년, 여자는 2.8년 늘어난다.

1) 암의 원인

암 발생에 영향을 미치는 요소는 실제로 매우 다양하다. 암의 대부분(60~90%)은 환경적 요인에 의해 발생된다. 그 중에서도 우리가 일상적으로 먹는 식품이나 기호식품이 가장 큰 발암원인으로 작용한다는 점은 매우 중요하다. 암은 어느 한 가지 요인보다는 다양한 요소들이 복합적으로 작용해서 나타나는 경우가 많으므로 예방을 위해서는 평소에 건전한 생활습관과 건강관리가 필요하다.

[표 12-1] 암의 발생원인

내적 요인	유전적 소양, 면역력, 나이
외적 요인	화학적 : 식품 천연물질, 식품 첨가물, 음주, 흡연, 유기용매, 환경 호르몬, 환경 오염 물질 등 물리적 : 방사선, X-ray, 전자파 등 생물학적 : 유두 바이러스 등 바이러스나 헬리코박터 등의 세균

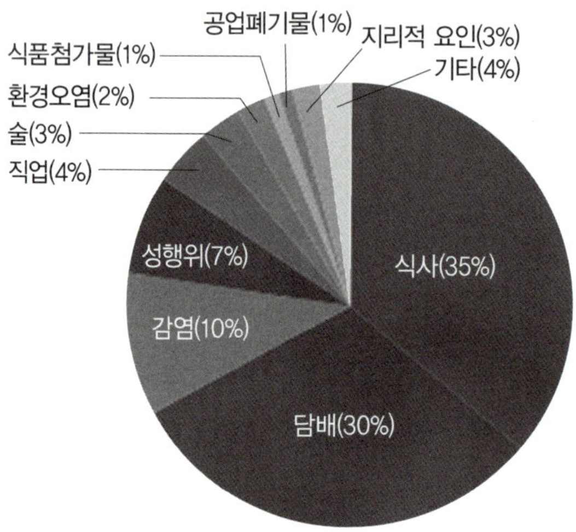

[그림 12-1] 발암 요인

2) 우리나라 암 발생 순위

최근 5년간(2006~2010) 우리나라 암 발생은 갑상선암이 33.1%로 1위이고, 위암이 12.8%로 2위이다. 그리고 유방암 12.5%, 간암 5.8%, 폐암 4.8%, 직장암 3.4%, 자궁경부암 2.3%, 신장암 1.7%, 전립선암 1.6%(생명보험 통계) 순으로 나타났다.

3) 암의 발생기구

암은 손톱·발톱·머리칼을 제외한 신체의 모든 부위에 발생할 수 있다. 세포가 핵 내에 가지고 있는 유전정보인 DNA상에 비가역적인 변화가 생겨(돌연변이라 함) 만

[표 12-2] 부위별 암 사망률 변화

변화 부위	변화 요인
위암 감소	식염 섭취량 감소, 위암 조기 발견
대장암 증가	단백질과 지방질 섭취량 증가
폐암과 후두암 증가	흡연자 증가
자궁경부암 감소	위생 상태 개선
유방암 증가	만혼, 낙태, 지방식품 섭취 증가

들어지며 생성된 암세포는 정상세포처럼 성장·증식이 제어되지 못하고 무한증식한다. 또한 암세포는 정상세포와 달리 주위의 조직에 침윤·전이된다는 특징이 있다.

암 발생은 개시단계·촉진단계·진행단계라고 하는 3단계로 이루어지며, 이들 각 단계는 여러 가지 요인에 의해 촉진적·억제적으로 영향을 받을 수 있다. 촉진적으로 작용하는 요인의 예로는 환경오염 물질이나 유해식품 등을 들 수 있다. 저해적으로 작용하는 인자는 내부적인 인자로 인체의 방어기구가 있고, 외부적인 인자로 의약품과 식품성분을 들 수 있다.

(1) 개시단계

정상세포가 잠재적 암세포로 변하는 단계로 발암 자극이 몇몇 세포를 비가역적으로 손상시키는 과정이다. 이렇게 개시된 세포 중 일부만 암세포로 바뀐다. 개시단계에는 여러 가지 개시인자가 관여한다.

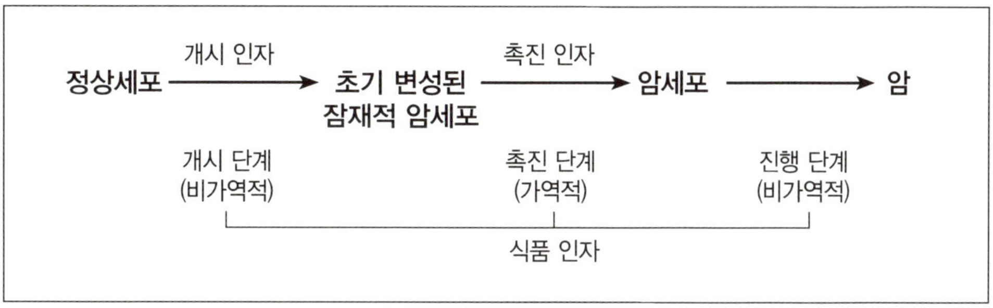

[그림 12-2] 암 발생단계와 식품 인자

(2) 촉진단계

개시단계는 짧은 순간에 이루어지는 과정인 반면, 촉진단계는 느릿느릿 꾸준하게 진행되는 단계이다. 개시단계가 발암원에 의해 유도되듯이 촉진단계도 여러 가지 암을 촉진시키는 인자를 필요로 한다.

(3) 진행단계

암세포에게 영양분과 산소를 보급할 신생혈관을 조성하고 다른 장기를 침범할 전이능력을 보유하는 단계로, 암의 성장과 증식에 유리한 조건을 획득하면서 종괴가 형성되는 과정이다. 이 과정의 말기에 이르면 1㎠ 정도로 자란 종양 덩어리에서 암세포가 떨어져 나오고, 다른 조직이나 기관으로 전이될 수 있다.

4) 암과 식이인자

① 에너지 섭취량이 많아 비만인 여자는 유방암이나 자궁암 발생률이 정상체중인 사람에 비해 높다.

② 에너지 제한은 세포의 아폽토시스(자살)의 촉진, 암세포로 영양공급 제한, 산화적 스트레스를 감소시킴에 의해 발암 가능성 및 치료에 효과를 나타내는 것으로 생각되고 있다.

③ 고지방의 식이를 하는 경우 식품암이라고 하는 대장암·유방암·전립선암 발생이 높아진다.

④ 지방의 종류가 암 발생에 영향을 미친다. 오메가-3가 풍부한 식이는 유방암과 대장암 발생을 낮춘다.

⑤ 고지방과 고단백질 식이는 췌장암 발생을 높인다.

⑥ 식이섬유소를 충분히 섭취하면 대장암의 위험성을 낮출 수 있다. 그 이유로 발암물질의 흡수저해, 장내 유익한 미생물의 분포 증가 등이 있다.

⑦ 육류를 굽거나 염장하거나 훈제하는 과정에 벤조피렌이나 니트로소아민과 같은 발암물질이 생성된다.

⑧ 곰팡이가 핀 식품은 아플라톡신(aflatoxin)과 같은 발암성 곰팡이 독을 함유

할 수 있다.

⑨ 식품 속의 많은 피토케미칼은 항산화작용이나 항암작용을 하며 피토케미칼은 천연식품으로 먹는 것이 좋다.

⑩ 과다한 알코올 섭취는 소화기관을 손상시켜 발암물질에 쉽게 노출시키고, 면역력도 떨어뜨려 암을 비롯한 질병에 더 취약해진다.

⑪ 과도한 스트레스는 인체의 면역기능을 떨어뜨려 암을 비롯한 많은 질병에 취약하게 만든다.

5) 암환자의 식사

암환자는 긴 치료기간을 거치면서 체력과 소화능력이 떨어져 영양이 결핍되기 쉽다. 따라서 환자의 상태에 맞추어 영양소를 적절히 공급해 영양상태를 유지하는 것은 치료와 회복에 매우 중요하다. 부위별로 고려해야 할 사항은 아래와 같다.

① 구강암, 식도암 : 많이 씹지 않고 삼키기 좋은 부드러우면서 소화흡수가 잘 되는 식사가 좋다.

② 간암, 췌장암, 신장암 : 지방·단백질·전해질·수분을 적절히 제한한다.

③ 위를 절제한 위암 : 조금씩 자주 먹는다.

6) 식품과 항암 성분

우리가 먹는 식품에는 천연 항암성분들이 다양하게 많이 들어 있다. 대표적인 항암식품과 해당하는 성분들을 살펴보면 아래와 같다.

① 마늘, 양파 : 디알릴설파이드, 퀴세틴, 아조엔, 셀레늄 등이 니트로소아민, 아플라톡신 등 위암·폐암·간암과 관련된 화합물들을 억제한다.

② 양배추, 브로콜리(모란채) : 설포러페인(종양 치유성분)이 들어 있다.

③ 컴프리 : 비타민과 게르마늄(폐암·심근경색·뇌일혈에 효과) 등의 무기질이 많다.

④ 참치 : DHA가 항암작용을 한다.

[표 12-3] 암과 식생활의 관계

암 종류	증가 요인	예방 효과 식품
위암	짜거나 뜨거운 음식, 알코올류	우유와 유제품, 신선한 과일과 채소
대장암	고지방 저섬유식, 맥주(직장암)	고섬유식, 콩류, 치즈, 육류 등 양질의 단백질
간암	짠 음식, 탄 육류, 자극성이 강한 음식, 술	우유와 유제품, 생야채, 과일, 양질의 단백질
폐암	흡연	비타민A가 풍부한 녹황색 채소
식도암	뜨거운 음식, 술, 영양 낮은 식품	채소, 과일, 양질의 단백질 식품
유방암	고지방, 고열량 식품(특히 성장기에서 사춘기에 걸친)	두부·콩 등의 두류

⑤ 유산균 : 저항력 증가, 발암물질 제거, 면역작용 촉진, 결장암·유방암·간암을 억제해준다.

⑥ 김치 : 각종 채소의 약효 성분과 유산균이 들어 있다.

⑦ 당근, 호박 : 베타카로틴

⑧ 차 : 카테킨류, 암의 초기단계와 촉진단계 모두에서 억제, 하루 3잔 이상 효과

⑨ 대두 : 리놀산, 피토에스트로겐, 제니스테인 등

⑩ 된장 : 리놀산, 피토에스트로겐(에스트로겐 억제)

⑪ 인삼 : 사포닌

⑫ 루이보스티 : SOD(유해산소 제거 효소)작용이 있어 유해산소를 중화

⑬ 버섯 : 단백질 결합 다당류 대식세포와 항체 생성능력을 지닌 임파구 세포를 늘려 면역기능을 높여 항암작용을 한다.

⑭ 은행잎 : 징코비로바(GBE), 방사선 치료 시 치료 효과를 높인다.

⑮ 참깨 : 리그난류(세서미놀)

⑯ 감귤류 : 카로티노이드, 플라보노이드, 테르펜, 리모노이드, 쿠마린 등

⑰ 기타 : 곡류의 배아, 향신료, 허브, 해초, 수산물 등

7) 암 예방에 좋은 식품과 나쁜 식품

(1) 위암

- 좋은 식품 : 양배추, 차, 마늘, 양파, 대두, 비타민C가 많은 과채류
- 나쁜 식품 : 염지육, 훈제육

(2) 유방암

- 좋은 식품 : 양배추, 브로콜리, 십자과 식물, 콩, 대두, 생선유, 밀겨, 올리브유
- 나쁜 식품 : 불포화 지방산이 많은 식품(잇꽃유, 해바리기씨, 쇼트닝, 마아가린), 오메가-6 식물유(옥수수유), 알코올

(3) 결장암

- 좋은 식품 : 밀겨, 채소, 특히 양배추·브로콜리 등 십자과 식물, 우유, 요구르트, 해산물, 섬유질·칼슘·비타민D가 많이 든 식품
- 나쁜 식품 : 지방이 많은 식품, 붉은 살코기, 알코올(특히 맥주)

(4) 폐암

- 좋은 식품 : 짙은 녹색이나 황색 채소와 과일, 당근, 브로콜리, 시금치, 케일, 양상추, 호박, 고구마, 녹차, 콩, 저지방 우유
- 생존기간을 높이는 식품 : 모든 채소, 특히 토마토와 브로콜리

(5) 췌장암

- 좋은 식품 : 과일, 특히 감귤류, 토마토, 콩류
- 나쁜 식품 : 염지돈육(베이컨, 햄 등), 붉은 살코기

8) 암 예방수칙

① 매일 영양분을 골고루 균형있게 먹는다.

② 콩·두부·된장국을 많이 먹는다.

③ 황록색 야채와 과일, 섬유질이 많은 곡물을 많이 먹는다.

④ 해조류와 등푸른 생선을 많이 먹는다.

⑤ 비타민 A·C·E를 충분히 섭취한다.

⑥ 과식하지 말고 지방분을 적게 먹는다.

⑦ 너무 짜거나 맵거나 뜨거운 음식은 피한다.

⑧ 불에 타거나 훈제한 생선과 고기는 피한다.

⑨ 곰팡이가 피거나 부패한 음식을 피한다.

⑩ 술은 과음하거나 매일 마시지 않는다.

⑪ 담배를 피우지 않는다.

⑫ 태양광선, 특히 자외선에 과다하게 노출되지 않는다.

⑬ 땀이 날 정도의 적당한 운동을 하되 과로는 피한다.

⑭ 스트레스를 피하고 즐거운 마음으로 생활한다.

⑮ 매일 목욕이나 샤워를 한다.

⑯ 가능하면 쾌적한 환경에서 생활한다.

항암에 좋은 조리법

음식은 만드는 방법에 따라 발암물질의 생성을 최소화하거나 항암물질 파괴를 억제하면서 흡수가 잘 되게 할 수 있다.

육류와 생선류을 조리할 때

- 좋은 방법 : 마이크로웨이브, 전골, 삶기, 데치기 등은 발암물질을 만들지 않는다.
- 나쁜 방법 : 튀기기, 굽기, 바베큐 등은 HAAs나 벤즈피렌 같은 발암물질을 만든다.

과채류를 조리할 때

- 익힌 것 보다 날 것이 항암효과에 좋다(단점은 많이 먹을 수 없는 것).
- 익히면 더 좋은 것 : 토마토·호박 등 베타카로틴이나 라이코펜이 들어 있는 것.
- 야채를 가열할 때는 약한 불로 짧게 한다.

section 13

간질환과 골다공증

1. 간질환

간은 인체에서 가장 큰 장기로 1.2~1.5kg 정도 된다. 음식물이 소화 흡수되면 대부분 간문맥을 통해 간으로 간다. 간은 글리코겐 합성과 분해 등의 당질대사, LDL·HDL 합성과 콜레스테롤 처리 등의 지질대사 및 알부민 등의 단백질 합성 등 주요 영양소의 대사를 비롯해 담즙생산·해독작용·면역작용 등 주요한 대사가 이루어지는 기관이다. 구조적으로 좌엽과 우엽의 두 부분으로 나뉘는데 우엽이 좌엽보다 6~7배 정도 크고, 아래쪽에 담낭이 있다.

최근에 여러 가지 원인으로 간질환이 증가하여 예방과 치료가 중시되고 있다. 간 기능 저하는 간염 바이러스와 과량의 알코올 섭취가 가장 일반적인 원인이며 그 외에도 약물·영양불량·대사이상·비만 등으로 일어날 수 있다. 간은 침묵의 장기라 불리는 것처럼 손상되어도 특별한 증상을 나타내지 않고, 증상이 나타났을 때는 이미 질병이 악화된 경우가 많다.

술을 지나치게 많이 마시면 알코올로 인해 지방간·간염·간경화 등의 장애가 많이 발생한다. 알코올은 지방분해를 저해하여 지방이 완전히 연소되지 못하게 하여 간 조직 내에 축적시켜 지방간을 일으킨다. 단백질도 간에 축적되는데, 이때 많은 양의 수분을 보유하게 되므로 간이 비대해지고 부어오른다. 간이 비대해지면 간에 영양소와 산소 분포가 원활하지 못해 간세포가 죽고, 더 심해지면 간경화가 된다.

간장에서는 다음과 같은 중요한 대사가 일어난다. 포도당을 글리코겐으로 바꾸어 저장과 분해, 지용성 비타민의 저장, 철·구리 등 미네랄 저장, 아미노산과 지방산의 합성과 분해, 유독물질 해독, 담즙 콜레스레롤 등의 합성, 요소의 합성 등이 간에서 일어난다.

1) 간질환의 종류

영양불량·바이러스 감염·스트레스·술·비만 등이 원인이 되며 지방간·간염·간암 등이 발병할 수 있다. 간에 이상이 생기면 식욕부진·피로·빈혈 등이 발생하며 간에서 발생하는 암모니아를 처리하지 못하면 간성혼수가 올 수 있다.

간세포 손상을 판단할 때 지표로 많이 이용하는 것이 혈청효소인 GOT와 GPT

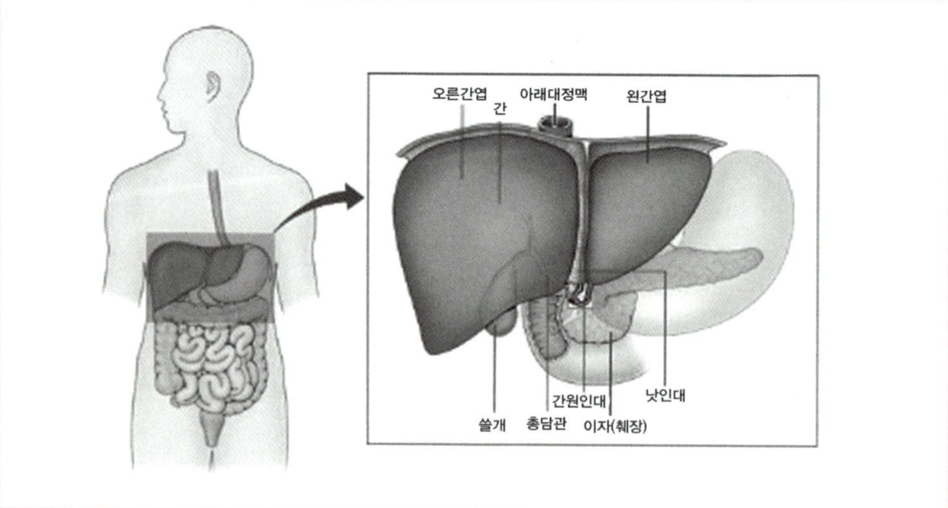

[그림 13-1] 간의 구조

이다. GOT는 심근·골격근·간세포 등에 많으나 GPT는 간에만 있으므로 혈청에서 GPT가 증가하면 간세포가 손상되었다는 뜻이다.

(1) 지방간

간세포 1/3 이상에 지방이 지나치게 쌓여 포화상태가 된 것을 말한다. 정상 간의 경우 지방이 차지하는 비율은 5% 정도인데, 이보다 많은 지방이 쌓이면 지방간이라고 한다. 지방간은 크게 과음으로 인한 알코올성 지방간과 비만·당뇨병·고지혈증·약물 등으로 인한 비알코올성 지방간으로 나눈다.

알코올성 지방간은 알코올을 많이 섭취하면 간에서 지방합성이 촉진되고 정상적인 에너지 대사가 이루어지지 않아 발생하게 된다. 술을 많이 마시지 않는 지방간 환자 중에도 간염이 있는 경우가 있는데, 이 경우는 지방간과 구별하여 '지방성 간염'이라고 한다.

지방성 간염은 간에 지방이 축적될 뿐 아니라 간세포가 괴사되는 염증 징후가 동반된 경우를 말한다. 비알코올성 지방간염은 지방대사의 이상을 초래하는 전신질환, 즉 성인병과 함께 오는 경우가 많아 최근에 임상적인 중요성이 많아진 질환이다.

(2) 급성간염

급성간염의 주원인은 간염 바이러스 A형에 의해서 간에 생기는 급성염증을 말한다. 이 경우 유행성간염이라고도 한다. 수혈로 B형 바이러스가 혈청 감염되는 수도 있다. 급성간염은 피로·전신권태감·식욕부진·두통·발열·구토증·복통·설사 등 감기나 급성위장염에 걸렸을 때와 같은 증세를 보이며 이어서 황달증세가 나타난다.

(3) 만성간염

만성간염은 간의 염증 및 간세포 괴사가 6개월 이상 지속되는 상태를 말한다. 간염 바이러스·알코올·약물·자가면역·대사질환 등 여러 가지 원인으로 발생할 수 있다. 식욕부진·소화불량·근육통·황달 등의 증상을 나타내며 적기에 치료하지 못하면 간경변이나 간암으로 진행될 수도 있다. 주로 간염 바이러스 B형과 C형에 의해 일어난다. B형은 백신이 있으나 C형은 아직 없다.

(4) 간경변

간경변증은 만성 B형이나 C형 간염, 지속적인 과음과 간 독성물질 등으로 간의 염증이 만성적으로 진행되어 정상적인 간세포가 서서히 파괴되고 재생결절(regenerative nodules; 작은 덩어리가 만들어지는 현상) 등의 섬유화 조직으로 바뀌어 간의 기능이 저하되는 상태를 말한다.

증상은 매우 다양한데 피부에 거미 모양의 붉은 반점이 생기고, 호르몬 대사 이상으로 손바닥이 붉어지고, 남자는 가슴이 커지며 비장이 커지고 복수·다리부종·황달 등이 나타난다. 심하면 간성혼수(hepatic coma)가 오기도 하고, 식도정맥류 출혈이 발생하면 피를 토하거나 흑변이나 혈변을 볼 수도 있다.

(5) 간암

간암은 간세포에서 시작된 악성종양을 말한다. 간암의 원인은 만성 B형 간염이나

간성뇌증(간성혼수)

간성뇌증(hepatic encephalopathy)은 간에 장애가 생겨 의식이 나빠지거나 행동이 변하는 것을 말한다. 평소 성격이나 행동이 달라지는 것부터 깊은 혼수상태까지 다양한 양상을 보인다. 원인은 간질환이 있는 사람이 감염·변비·위장관 출혈·고단백 식사·수면제 복용 등으로 발생하는 경우가 많고, 평소 건강하던 사람도 갑자기 바이러스나 약물로 간염이 생겨 급격하게 간이 악화되어 발생할 수 있다. 간성뇌증의 단계는 다음과 같다.

- 1단계 : 지나친 졸음, 불면증, 정서불안, 상황에 맞지 않는 행복감, 불안, 집중력 부족
- 2단계 : 기운이 없고, 사람이나 장소나 시간을 혼동하고, 행동이 부적절하며 발음이 어눌해지고, 손발이 떨리며 휘청거림
- 3단계 : 사람·장소·시간 등을 잘 인지하지 못함, 계속 의식이 없음, 아플 정도로 자극해야만 눈을 뜸
- 4단계 : 혼수상태

C형 간염, 지속적인 과음, 간경변, 약물, 과도한 흡연 등이다. 이 요인들로 간세포의 파괴와 재생이 지속되면 간암이 발생할 위험이 높아진다. 증상은 오른쪽 윗배에 덩어리가 만져지거나 통증이 있고, 황달·식욕부진·체중감소가 따를 수도 있다. 그러나 별다른 증상없이 우연히 발견되는 경우가 많다.

2) 간환자의 식사 원칙

① 간의 회복과 재생에는 양질의 단백질로 구성한 고단백 식이가 좋다. 그러나 간기능이 저하되면 저단백 식이를 하여 간성뇌증이 생기지 않도록 해야 한다.

② 당질을 충분히 먹으면 단백질 소모를 막을 수 있으니 당뇨가 없으면 단 음식을 먹는다.

③ 지방은 식물성으로 먹는 것이 좋다.

④ 비타민 B_1과 C가 풍부한 과일과 야채를 충분히 먹으면 지방간 예방에 좋다.

⑤ 간을 건강하게 하려면 지방(포화지방), 당분, 자극성이 강한 식품은 삼가한다.

⑥ 카페인 들어 있는 차와 커피도 많이 마시는 것은 좋지 않다.

⑦ 고지방·고열량·알코올을 적게 먹고, 양질의 단백질 식품·식물성 식품·채소류를 먹는 것이 좋다. 비타민 C와 B_{12}, 엽산 등 비타민이 많이 든 음식을 즐겨 먹어야 한다.

2. 골다공증

골다공증은 뼈의 강도가 약해져 골절이 일어나기 쉬운 상태를 말한다.

1) 골다공증의 원인

유전, 고령, 조기폐경, 약제(스테로이드), 동반 질환, 흡연, 알코올, 류머티즘 관절염 등이 원인이다.

(1) 교정 불가능 인자

① 나이(고령)

② 성별(여성)

③ 엉덩이 관절 골절의 모계 가족력

④ 출생할 때 저체중

⑤ 골다공증 경향이 있는 질환의 이환

(2) 교정 가능 인자

① 자주 넘어짐

② 마른 사람(BMI<21)

③ 약물치료(특히 비타민D 불활성화를 일으키는 스테로이드 계통과 항경련제 계통)

④ 원발성이나 2차성 무월경

⑤ 조기폐경

⑥ 흡연

⑦ 과도한 음주

⑧ 칼슘과 비타민D 부족

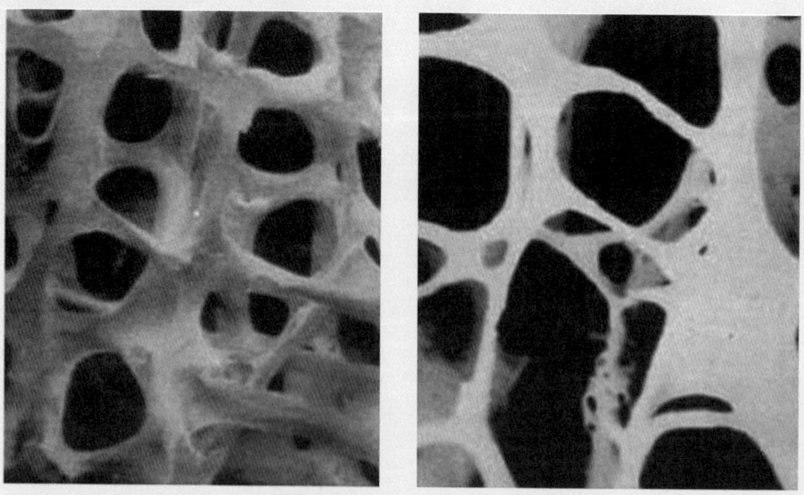

[그림 13-2]
정상인의 뼈(왼쪽)와
골다공증 환자의 뼈(오른쪽)

2) 골다공증의 유형

① 폐경 후 골다공증(제1형 골다공증) : 여자의 골 밀도는 폐경 후 해마다 5% 정도씩 줄어 70세까지 폐경 전의 50%까지 줄어들 수 있다

② 노인성 골다공증(제2형 골다공증) : 노화에 따라 발생하는 골다공증으로 남녀 모두에게 생기는데 서서히 오래 진행된다.

③ 속발성 골다공증 : 류머티즘관절염, 신부전, 내분비질환(성선 기능 저하증, 갑상선 기능 항진증, 쿠싱 증후군, 부갑상선 기능 항진증 등이 있을 때나 스테로이드, 제산제, 갑상선 치료제 등을 장기간 복용했을 때 2차적으로 발생한다.

3) 골다공증과 칼슘

① 정상인은 하루 600㎎ 정도의 칼슘 섭취가 적당하나 골다공증은 더 많은 칼슘을 섭취하지 않으면 칼슘 평형이 유지될 수 없다.

② 골다공증에 걸린 후 칼슘 섭취에 유념하는 것보다 젊었을 때 충분히 섭취하여 골격의 밀도를 조밀하고 견고하게 하는 것이 중요하다.

4) 골다공증의 치료

(1) 제1형 골다공증-칼슘제제, 에스트로젠, 칼시토닌 이용

① 칼슘제제로 많이 쓰는 것은 탄산칼슘·유산칼슘·포도당칼슘 등의 골분이나 백운석은 중금속이 오염될 수 있으므로 피하는 게 좋다.

② 칼슘을 지나치게 많이 보충하면 신장장애나 신결석을 야기할 수 있다.

③ 칼슘제제를 복용할 때는 비타민D와 같이 먹거나 젖산이 많은 우유나 요구르트와 함께 먹는 것이 좋다.

④ 칼슘은 하루에 1000~1200㎎, 비타민D는 하루에 400~500㎎을 권장한다.

⑤ 여성 호르몬은 골절을 줄여주지만 혈전증과 유방암의 위험을 높이기 때문에 주의해서 사용해야 한다.

⑥ 비스포스포네이트 제제는 가장 많이 사용하는 골다공증 치료제이다. 파골세포(뼈 파괴 세포)의 기능과 수를 줄여 뼈가 파괴되는 것을 막아준다.

(2) 제2형 골다공증

① 뼈의 생성을 촉진하는 불화나트륨, 비타민D, 부갑상선 호르몬을 이용한다.

② 부갑상선 호르몬은 골모세포(뼈 모세포)를 활성화시켜 새 뼈를 만들어준다.

5) 골다공증과 운동

① 뼈가 다 자란 후 운동을 적극적으로 하면 뼈의 강도를 높일 수 있다.

② 운동은 뼈를 보호하는 데 필요한 호르몬의 분비를 자극한다.

③ 운동은 뼈에 혈액공급을 증가시킨다.

6) 골다공증과 식품

① 육식을 많이 하는 사람은 채식을 많이 하는 사람보다 칼슘이 소변으로 많이 나온다.

② 육식은 소변을 산성화시키고 칼슘 손실률을 높인다.

③ 적절한 칼슘과 비타민D는 우유·치즈·표고버섯 등으로 섭취하는 것이 좋고, 짠 음식은 피한다.

section 14

식중독과 식품첨가물

1. 식중독

생활수준이 높아지면서 식품 위생이나 안전에 대한 관심도 높아지고 있다. 식품의 기능을 흔히 영양적 요소, 관능적 요소, 생체조절기능적 요소로 논하지만 상기의 것들도 안전성이 확보된 후에야 가능한 것이다. 최근 우리나라는 생활수준의 향상과 더불어 위생의식이 향상되었으나 단체급식 증가 등 여러 가지 이유로 식중독 사고는 계속 증가하는 추세이고, 규모도 대형화되고 있다.

식중독이란 음식물 섭취로 일어나는 식성병해 중에서 미생물, 유독화학물질, 식품재료 중의 유해성분 등이 원인이 되어 발생하는 급성 건강장해를 말한다.

1) 식중독 발생 현황

우리나라는 생활수준이 향상되고 위생 여건이 좋아지고 있지만 여전히 식중독 발생 건수나 환자 수에서는 큰 개선이 없다. 최근에는 집단급식이 늘어 식중독 사고가 대형화되는 추세이다.

2) 식중독의 종류

식중독은 원인 물질에 따라 아래와 같이 나눈다.

① 세균성 식중독

② 바이러스성 식중독

③ 자연독 식중독

④ 화학성 식중독

3) 세균성 식중독

세균성 식중독은 다시 감염형과 독소형으로 나눈다. 감염형 식중독은 일정량 이상의 식중독균을 섭취했을 때 균 자체의 작용으로 발생한다. 대표적인 균은 살모넬라와 장염비브리오이다. 독소형은 균이 만든 독성분 때문에 중독증상이 나타나는 경우인데 보툴리누스와 포도상구균 식중독이 대표적이다.

(1) 세균성 식중독의 특징

① 많은 양의 세균이나 독소에 의해 발생한다.

② 면역이 생기지 않는다.

③ 2차 감염이 없다.

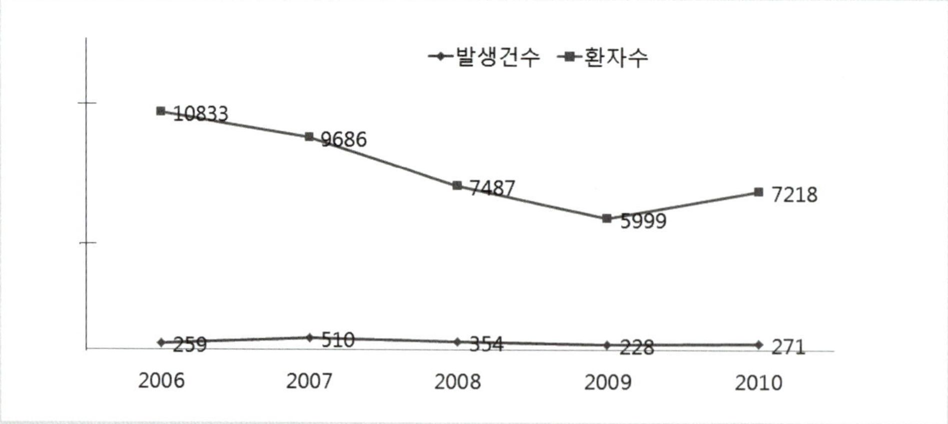

[그림 14-1] 최근 5년간 식중독 발생 추이

[표 14-1] 식중독 원인 유발균 동향(2010년)

원 인	건 수	건수비(%)	환자수	환자수비(%)
검출되지 않음	102	37.8	1,064	14.7
노로바이러스	31	11.5	2019	27.8
병원성대장균	29	10.7	1896	26.1
살모넬라	26	9.6	685	9.5
황색포도당구균	20	7.4	382	5.3
장염비브리오	19	7.0	237	3.3
바실러스 세레우스	15	5.6	392	5.4
캠필로박터 제쥬니	14	5.2	363	5.0
클로스트리디움 퍼르린제스	5	1.9	171	2.4
기타 바이러스	2	0.7	8	0.1
자연독	5	2.2	33	0.5
화학물질	1	0.4	3	0.02

④ 세균의 대량 섭취로 발병한다.

⑤ 감염형 식중독은 대부분 급성위장염 증상이 나타나는 경우가 많다.

(2) 세균성 식중독의 예방법

① 위생처리한 식재료를 고른다.

② 70℃ 이상의 열에서 잘 익힌다.

③ 조리한 식품은 바로 먹는다.

④ 냉장보관한 음식은 먹을 때 다시 익힌다.

⑤ 익힌 음식과 날 음식이 접촉하지 않도록 주의한다.

⑥ 손은 깨끗이 씻고, 조리할 때 손의 상처가 음식에 닿지 않도록 조심한다.

⑦ 조리대 표면을 구석구석 깨끗하게 한다.

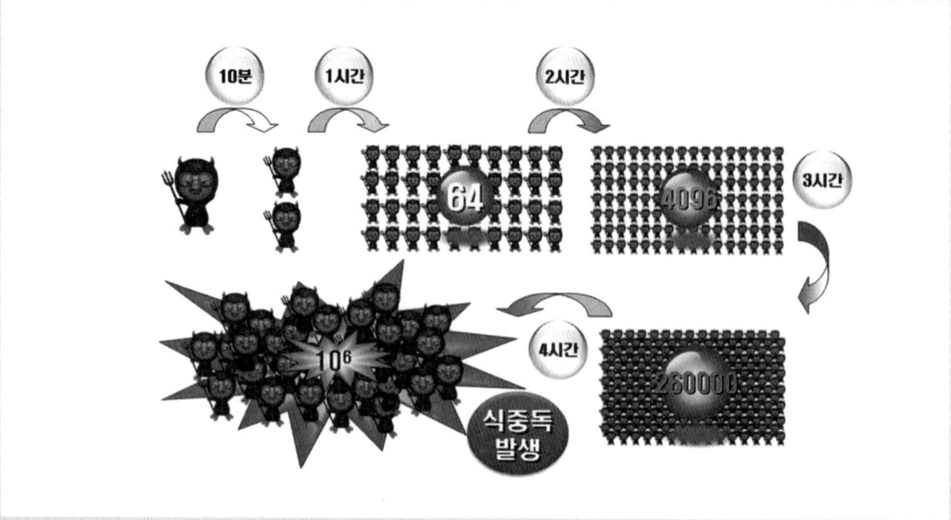

[그림 14-2] 기하급수적으로 증식하는 식중독균

⑧ 바퀴벌레, 파리, 쥐 등이 생기지 않도록 한다.

⑨ 조리할 때 공인받지 않은 지하수를 사용하지 않는다.

⑩ 식품위생에 대한 지식을 익힌다.

⑪ 설사나 화농성질환이 있는 사람은 식품을 취급하지 않는다.

[그림 14-3] 식중독 예방 3가지 요령

[표 14-2] 세균성 식중독의 종류

구 분	원인 물질	증 상	잠복기	전파 경로	예방법
세균성 식중독 (감염형)	살모넬라	발열, 두통, 구토, 복통, 설사	12~24시간	육류 등 오염된 식품 섭취	가열조리, 조리할 때 손 청결하게 할 것
	장염 비브리오	발열, 설사, 구토, 복통	10~24시간	오염된 어패류 섭취	생식을 피함
	병원성 대장균 (0~157)	복통, 혈변, 물설사	10~24시간	오염된 식육, 야채, 물	충분히 가열조리, 저온 저장
	캠필로 박터균	발열, 두통, 현기증	2~7일	사람, 가축, 어패류	충분히 가열조리, 끓인 물 마시기
세균성 식중독 (독소형)	황색포도 상구균	구토, 설사, 두통	2~4시간	김밥, 도시락, 유제품	화농성 질환자 조리 금지, 식품을 잘 보관할 것
	보툴리너스균	현기증, 호흡곤란, 신경장애	12~36시간	통조림, 병조림, 진공포장 육가공품, 혐기적 상태의 저장 식품	가열조리, 변형된 캔 먹지 말 것
	세레우스균	복통, 설사	8~16시간	오염된 곡류, 식육제품, 스프	가열조리, 저온 보관

4) 바이러스성 식중독

(1) 바이러스성 식중독의 특징

설사·구토·두통·열·복통 등을 수반하며 감염되고 1~2일 후에 증상이 나타나 1~10일간 지속된다. 노로바이러스·로타바이러스·아데노바이러스·아스트로바이러스 등이 주 원인균이다. 미량으로도 발병하고 환경에 대한 저항력이 강하며 2차 감염으로 대형 식중독이 유발할 수 있다.

(2) 노로바이러스

① 매년 겨울철에 산발적 집단적으로 유행하며, 높은 감염력으로 미국의 경우 바이러스성 장염과 설사의 약 42%를 차지한다.

② 전파 경로(미국)는 식품 39%, 감염자 접촉 12%, 수인성 3%이며, 원인 식품은 주로 굴 등의 어패류이다.

③ 평균 잠복기는 24~48시간이며 임상증상으로는 위와 장에 염증을 일으키는 위장염질환으로 stomach flu(위장독감)이라고도 한다. 오심·구토·설사·복

[표 14-3] 바이러스성 식중독

	노로바이러스	로타바이러스	유행성간염
원인물질	노로바이러스	로타바이러스	A형간염 바이러스
증상	오심, 구토, 설사, 복통, 때로 두통, 오한, 근육통	구토, 복통, 발열, 설사	발열, 오한, 두통, 구토, 설사, 황달, 복통
잠복기	24~48시간	2~7일	15~50일
전파경로	굴 등의 어패류	샐러드, 과일, 음용수 등	오염된 물이나 음식
예방법	85℃에서 1분 이상 가열, 철저한 세척	청결한 생활습관, 백신	개인·공중 위생 철저, 백신

통이 일어나며 때로 두통·오한·근육통을 유발한다.

④ 예방하는 방법은 85℃에서 1분 이상 가열하고, 조리기구는 철저히 세척·소독(200ppm 염소 농도 차아염소산나트륨)한다.

(3) 로타바이러스(Rotavirus)

① 주로 5세 미만의 어린이에게 중증 급성 위장관염을 유발하는 원인 바이러스이다. 우리나라도 서울지역 설사환자 검체의 47%에서 검출·보고되었다.

② 주원인 식품은 샐러드와 과일이고, 감염경로는 사람으로 주로 대변에서 입으로 향한다. 증상은 구토·복통·발열·설사 등이 나타난다.

(4) 간염 바이러스 A

① 주로 수인성 경로로 전파되고 우리나라에서는 어린아이에게 많이 발생한다.

② 감염경로는 오염된 음식이나 물 섭취이다.

③ 임상증상은 발열·오한·두통·구토·설사·황달·복통 등이 나타난다.

④ 예방법으로는 개인과 공중 위생을 철저히 한다. 예방백신이 개발되어 있다.

5) 화학성 식중독

유독한 화학물질이 식품의 제조·가공·보관에 식품에 오염·혼입되거나 과다하게 사용한 경우, 용기나 포장 재료에서 유해물질이 식품에 혼입되었을 때 발생한다.

① 유해 감미료 : Dulcin, Cyclamate, P-nitro-toludine

② 유해 착색료 : Auramine, Rhodamin, Silk scarlet

③ 유해 보존료 : 붕사, Formaldehyde, β-naphtol, 승홍

④ 유해 표백제 : Rongalite, 삼염화질소

⑤ 아질산염

⑥ 방사능 물질

⑦ 벤즈피렌(benzo(a)pyrene)

⑧ 과실주의(methanol)

⑨ 유해 금속에 의한 식중독

⑩ 수은, 카드뮴, 납, 비소, 주석 등

⑪ 농약에 의한 식중독

6) 자연독 식중독

식물성 자연독의 유독물질 성분들로는 청산배당체, 기타 배당체를 함유하는 것, 알칼로이드 등이 있다.

(1) 식물성 자연독

① 독버섯 : 대표적인 것이 알광대버섯·광대버섯·땀버섯·독우산버섯·화경버섯이다. 독성분은 muscarine, muscaridine, coprin, choline, lampterol, neurine, phaline, amanitatoxin, agaricic acid, pilztoxin 등이다.

② 감자 : 독성분은 알라로이드인 솔라닌(solanine)이다.

③ 청매 : 독성분은 청산 배당체인 amygdaline이다.

④ 곰팡이 중독

- 곰팡이의 대사물질인 곰팡이독(mycotoxin)은 여러 유형의 급성·만성 장애를 일으킨다.
- 곰팡이독 생산 곰팡이는 Aspergillus, Penicllium, Fusarium 등이 있다.
- 아플라톡신(aflatoxin)은 탄수화물을 많이 함유한 곡물류(쌀, 보리, 옥수수 등)에서 주로 생기며 간암을 유발한다.
- 황변미독은 페니실륨 속의 곰팡이에서 생기는데 citrinin, islanditoxin, citreoviridin, luteoskyrin 등이 있다. 신장독과 간암을 유발한다.

(2) 동물성 식중독

① 복어 : 복어의 생식기(고환, 난소)·창자·간·피부 등에 있는 테트로도톡신은 운동마비, 언어장애, 지각이상, 호흡마비, 구순이나 혀의 지각마비를 일으킨다.

② 모시조개(바지락), 대합, 섭조개 : 베네루핀(vererupin)과 Saxitoxin이 독성분이다.

2. 식품첨가물

식품첨가물은 식품을 제조·가공·보존할 때 식품에 첨가·사용하는 물질을 말한다. 식품첨가물은 식품의 위생상태 유지·저장, 유통기간 연장, 색·맛·모양 등 상품가치를 향상시키기 위한 필수 요소이다. 최근 웰빙 풍조로 첨가물을 넣지 않은 천연식품을 찾는 경향이 늘고 있으나 식품첨가물의 사용은 유용한 면과 유해한 면의 양면성이 있다.

1) 식품첨가물 기능에 따른 분류

① 변질 및 부패를 억제하는 것 : 부패균이나 병원성균의 증식을 억제하려고 사용하는 보존료나 살균제를 과잉섭취하면 독성이 나타날 수 있으므로 식품위생법에 사용기준이 규정되어 있다.

② 기호도를 향상시켜주는 것 : 상품의 가치를 향상시켜 소비자의 기호를 만족시키는 식품첨가물로에는 감미료·조미료·산미료·착향료·착색제·발색제 등이 있다.

③ 영양을 강화시켜주는 것 : 비타민, 칼슘과 철과 같은 무기질, 아미노산을 첨가한 영양강화 식품들이 있다.

④ 제조공정에 필요한 것 : 식품제조에 사용하는 팽창제·소포제·추출제·이형제 등이 있다.

⑤ 품질개선과 신선도 유지에 필요한 것 : 유화제, 껌 기초제, 과일이나 야채의 신선도를 장기간 유지시키는 피막제 등이 있다.

2) 영양표시제

① 영양표시제도는 소비자에게 식품의 영양 정보를 알려주어 식품을 선택하는데 도움을 주기 위한 제도이다. 우리나라는 '식품위생법' 제11조에 의거해 '식품위생법 시행규칙'과 '식품 등의 표시기준'에 영양표시 대상 식품과 영양표시

[표 14-4] 사용 목적에 따른 식품첨가물의 분류

분류	용도	사용 목적	대표 첨가물
변질 부패 방지	보존료	미생물 증식으로 일어나는 부패나 변질 방지	소르빈산, 안식향산
	살균제	미생물을 빨리 죽이며 음료수·식기류·손의 소독에 사용	차아염소산나트륨, 표백분
관능 만족	산화방지제	지방의 산화와 그로 인한 변색 지연	BHA, BHT
	착색제	인공으로 착색시켜 천연색을 보완해 식품의 기호 향상	식용색소
	발색제	식품의 색소와 결합시켜 그 색을 안정시키거나 선명하게 함	아질산나트륨, 질산칼륨
	표백제	색소를 파괴해 흰색 식품을 만들거나 착색 전에 표백해 색소가 아름답게 착색되도록 함	아황산나트륨
	조미료	식품의 맛을돋구거나 기호에 맞게 조절해 미각을 좋게함	아미노산계(MSG), 핵산계
	산미료	식품에 적합한 산미를 부여하고 청량감을 줌	구연산, 빙초산
	감미료	식품에 단맛을 줌	아스파탐
	착향료	식품의 기호 가치를 증진하는 방향 물질	바닐라, 락톤류
영양 강화	강화제	영양을 강화하려고 넣는 비타민·무기질·아미노산 등의 물질	비타민류, 무기질류, 아미노산류

분류	용도	사용 목적	대표 첨가물
품질 개선	밀가루 개량제	밀가루 표백과 숙성기간을 줄이고 제빵 효과의 저해 물질을 파괴해 가공 적성을 개량함	과산화벤조일, 과황산암모늄
	유화제	물과 기름처럼 잘 섞이지 않는 액체를 혼합할 때 분리를 막고 유화를 도와줌	글리세린, 지방산, 에스테르
	호료	식품의 점착성을 높이고 유화 안정성을 좋게 함	구아검
	결착제	주로 식육류의 결착성을 높여 씹을 때 촉감을 향상시킴	인산염, 중합인산염
	피막제	과일이나 야채류의 신선도를 장기간 유지하게 하려고 표면에 피막을 만들어 호흡 제한이나 수분 증발을 방지함	파라핀, 초산비닐수지
	껌 기초제	껌에 적당한 점성과 탄력성을 주고 풍미를 유지함	에스테르검, 폴리부텐
제조 공정	팽창제	밀가루를 부풀려 조직을 향상시키고 형체를 갖추게 함	명반, 중조(식소다), 베이킹 파우더, D-주석산수칼륨
	소포제	식품을 만들 때 생기는 거품 제거	규소수지
	추출제	식품의 어떤 성분을 용해 추출	n-헥산
	이형제	빵을 구울 때 달라붙지 않게 함	유동파라핀
기타		① 사용 기준이 없는것 ② 사용 기준이 있는 것	① 인삼, 황산 ② 염화칼슘, 수산화나트륨

가) 1회 제공량당

영 양 성 분		
1회 제공량 00 (00g) ⓐ 총 00회 제공량(00g) ⓑ		
1회 제공량 당 함량ⓒ		* %영양소 기준치ⓓ
열량	000kcal	
탄수화물	00g	00%
당류	00g	
단백질	00g	00%
지방	00g	00%
포화지방	00g	00%
트랜스지방	00g	
콜레스테롤	00mg	00%
나트륨	00mg	00%

* %영양소 기준치 : 1일 영양소 기준치에 대한 비율

나) 100g(ml)당 또는 1포장당

영 양 성 분		
1회 제공량 00 (00g) ⓐ 총 00회 제공량(00g) ⓑ		
1회 제공량 당 함량ⓒ		* %영양소 기준치ⓓ
열량	000kcal	
탄수화물	00g	00%
당류	00g	
단백질	00g	00%
지방	00g	00%
포화지방	00g	00%
트랜스지방	00g	
콜레스테롤	00mg	00%
나트륨	00mg	00%

* %영양소 기준치 : 1일 영양소 기준치에 대한 비율

[그림 14-4] 일반 가공식품 영양표시 양식 예

에 관한 기준이 고시되어 있다.

② 영양표시에는 1회 제공량당 들어 있는 영양소의 함량과 퍼센트 영양소 기준치를 표기한다.

③ 9가지 의무 표시 영양소인 열량·탄수화물·당류·단백질·지방·포화지방·트랜스지방·콜레스테롤·나트륨의 함량이 있으며, 기타 다른 영양소에 대한 함량을 표시하는 경우도 있다.

④ 현재 영양표시제는 모든 식품의 의무규정은 아니나 공급자는 일정한 기준을 준수해야 한다.

⑤ 영양표시제는 소비자는 자신의 건강에 맞는 제품을 선택할 수 있고, 생산자는 자사제품의 특성을 알릴 수 있고, 국가는 의료비를 절감할 수 있다.

section 15

운동 및 채식과 영양

1. 운동과 영양

운동선수의 능력향상과 영양의 역할에 대해 많은 관심을 기울여왔다. 운동선수는 기본적으로 운동할 때 에너지 요구량이 평소보다 증가하는 만큼 에너지를 충족시켜주면 된다. 즉, 운동할 때 가장 중요한 영양소 요구량은 첫째, 운동량에 따른 증가된 에너지 요구량이며 둘째, 땀으로 손실되는 수분을 보충하는 것이 기본이다.

1) 운동과 에너지원

① 근육운동에 필요한 에너지는 주로 포도당과 지방산을 산화시켜 얻는다.

② 지방산은 근육에 소량 분포하고, 지방조직에 다량 축적되어 있다.

③ 포도당은 간과 근육에 글리코겐 형태로 저장되는데 간 무게의 2~10% 정도까지 글리코겐을 저장하고, 근육은 그 무게의 0.5~2% 정도까지 저장한다.

④ 간의 글리코겐은 필요시 포도당으로 분해되어 혈당을 정상수준으로 유지시키는 데 사용되며 근육의 글리코겐 근육 자체의 에너지용이다.

⑤ 식후 2시간 정도까지 혈중 포도당은 탄수화물 식사에서 유래되고 이 시점에서 운동할 때 사용하는 에너지원은 식사에서 유래한 포도당이다.

⑥ 식후 3~4시간이 경과할 무렵에는 간에 저장된 글리코겐으로 에너지원이 대체된다. 근육에 저장된 글리코겐은 어느 때건 에너지원으로 이용가능하다.

⑦ 지방(산)은 식후 2~4시간 사이에는 혈중 지방산의 대부분이 식사유래의 킬로미크론이 차지한다. 이것이 심장과 근육의 모세혈관에 있는 리포단백리파제에 의해 지방산으로 분해된 후 혈중으로 방출되어 심장과 근육에서 흡수되어 에너지원으로 분해된다.

2) 운동선수와 영양소

꾸준한 훈련과 적절한 음식 섭취와 휴식은 운동 능력을 최대한 발휘하는 데 매우 중요하다. 균형있는 식사는 필요한 에너지의 비축과 이용에 도움을 주고, 꾸준한 훈련은 비축한 에너지원의 이용효율과 비축 능력도 증가시키며, 운동은 지방을 활발하게 이용하게 한다.

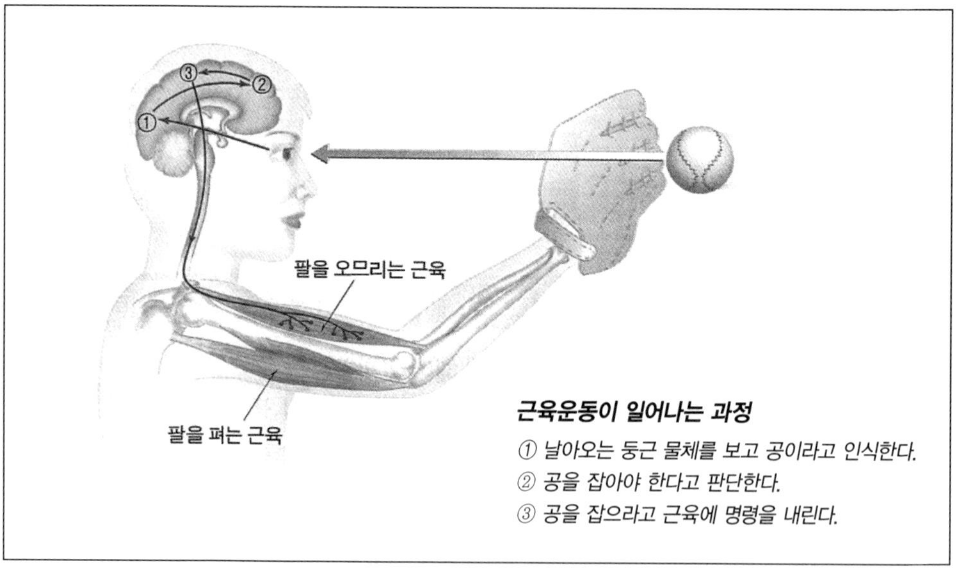

[그림 15-1] 근육운동이 일어나는 과정

급속 글리코겐 로딩

- 경기를 매일하거나 하루에 오전과 오후 두 번 할 때는 글리코겐 로딩을 빨리해야 된다.
- 운동으로 간과 근육에 글리코겐이 고갈되었을 때는 빵·밥·감자 등을 먹는다.
- 탄수화물을 섭취한 후 구연산이 풍부한 감귤류를 먹거나 감귤류 주스를 마시면 간과 근육에 글리코겐을 더 많이 저장할 수 있다.
- 구연산은 해당작용으로 당이 분해되는 것을 막는다.

(1) 탄수화물

탄수화물은 가장 중요한 에너지원으로 혈당과 비축한 글리코겐에서 1,900~2000 ㎉ 정도의 에너지를 얻을 수 있다. 운동을 과격하게 할 때는 탄수화물의 비중을 65~70% 정도 높이는 것이 좋다. 운동시합 3~4일 전에 고탄수화물 식사를 하면 체내 글리코겐 축적을 높이기 때문에 운동 능력을 향상시킨다. 시합 전의 포도당 섭취 역시 운동 능력을 향상시키나 물을 많이 마시면 소화기관에 부담을 줄 수도 있다.

(2) 지방질

지방은 가장 농축된 형태의 에너지원으로 지속적인 훈련은 근육이 지방을 이용하는 능력을 길러준다. 지방 섭취의 권장수준은 총에너지 섭취량의 20~25% 정도인데 동시에 단백질과 당질도 충분히 공급해야 한다.

(3) 단백질

근육에서 글리코겐이 고갈되었을 때 근단백질이 에너지원으로 이용되며 이때 발생하는 암모니아는 요소로 바뀌어 소변으로 배설된다. 요소 배출량이 많아지면 소변배출도 많아져 탈수 현상이 초래될 수 있다. 또한 지나친 단백질 섭취는 운동 능력을 저해하는데 총에너지의 12~15% 정도를 단백질로부터 공급받는 것이 적당하다. 고단백 식사는 근육을 발달시키는 데는 도움을 주지만 훈련을 잘 수행하는 선수에게는 운동 능력 향상에 도움이 되지 않으며 어떤 운동에는 오히려 해롭다.

(4) 비타민B군

비타민B군은 에너지 생성에 필요한 대사에 필수 요소이다. 특히 비타민B_1은 칼로리 섭취와 운동량이 많을수록 더 필요하다.

(5) 비타민C

비타민C는 면역세포의 활동을 증가시키고, 코티졸 분비를 감소시키며, 활성산소를 제거하는 항산화제로도 작용한다. 그러나 비타민C의 보충과 운동의 지속성과의 관계에 대해서는 분명하지 않다.

(6) 무기질

무기질은 칼슘이나 마그네슘과 같이 뼈나 치아를 구성하는 것 외에 여러 가지 생리작용을 조절한다. 무기질 보충이 많은 운동선수에게 관심을 받고 있는데 운동선수에게 부족하기 쉬운 무기질은 K, Ca, Na, Mg, Cl 등과 같은 전해질 물질이다.

① 칼슘 : 근육수축, 혈액응고, 신경전달을 조절하는 데 반드시 필요한 물질이다. 뼈의 밀도는 30세 초반을 넘으면 서서히 감소하는데 운동은 뼈 생성을 촉진시키면서 뼈의 손실 속도를 늦춰준다.

② 칼륨 : 부족하면 근육이 약해지고 피로를 쉽게 느낀다.

③ 철분 : 헤모글로빈을 구성하며, 운동하는 근육에 산소를 공급하는 역할을 한다. 철분 결핍성 빈혈 또는 경도의 철분결핍 증상은 운동 능력을 감소시킨다. 마라톤 선수와 같이 장시간 운동하는 사람들은 철분 부족이 오기 쉽다.

④ 나트륨 : 땀을 흘릴 때 체외로 배출되는 주요 무기질이나 높은 기온에서 심한 운동을 하지 않는 한 보충할 필요는 없다. 오히려 지나친 소금 섭취는 신장에 부담을 준다. 또 충분한 수분을 섭취하지 않으면 탈수증을 야기할 수도 있다.

(7) 수분

운동 중이나 운동 전에는 갈증을 느끼지 않아도 물을 마시는 것이 좋다. 찬물이 흡수도 빠르고 체온을 식히는 데도 좋다.

(8) 스포츠 음료

10% 포도당이나 설탕은 수분흡수 속도와 동일하게 흡수되며 운동 능력을 향상시킨다. 그러나 당 농도 10% 이상이면 멀미·경련·설사 등을 유발할 수 있다.

(9) 알코올 음료

알코올은 지각과 운동 능력을 떨어뜨린다.

(10) 카페인 음료

커피·차·콜라 등의 카페인 음료들이 운동 능력에 어떠한 영향을 주는지는 확실하지 않다. 그러나 카페인이 든 음료를 지나치게 많이 마시면 이뇨작용으로 탈수현상이 촉진된다.

3) 운동이 건강에 좋은 점

(1) 심근의 혈액순환 촉진

관상동맥과 연결되어 있는 소혈관을 확장시키고, 그 결과 동맥경화나 혈전으로 동맥이 막힌 경우에도 심장근육에 혈액을 공급할 수 있다.

(2) 신체활동을 위한 지구력 향상

훈련받은 운동선수의 경우, 근육에서 생성되는 피로물질인 젖산을 더 빨리 제거시킬 수 있어 오랫동안 운동을 지속할 수 있다.

(3) 심장의 더 많은 혈액 공급

휴식할 때 분당 5.9L를 품어내는 심장은 활발히 운동할 때 24L까지 증가된다. 이는 박동수 증가와 함께 매 수축당 품어내는 양도 증가하기 때문이다.

(4) 혈액의 산소 보유능력 증가

혈액의 헤모글로빈이 산소화 결합하는 속도를 산소보유능력(aerobic capacity)DL

라고 하는데, 지속적인 운동은 이를 증가시킨다.

(5) 체지방 감소

유산소운동은 체지방을 연소시켜 체중이 줄고 보기 좋게 만든다.

(6) 휴식할 때 저심장 박동

잘 훈련된 사람들은 심장근육이 수축할 때 일반인보다 더 많은 혈액을 방출한다. 일반인은 분당 심장박동수가 72~80회 정도이나 잘 훈련된 운동선수는 45~60회 정도로 준다. 심장박동이 느려지면 심장근육의 휴식이 길어지는 이점이 있다.

(7) 혈압감소

동적인 전신운동은 근육 내의 혈관을 확장시키기 때문에 혈압을 떨어뜨리고, 정지상태의 운동은 혈압을 상승시킨다.

(8) 탄수화물 이용의 정상화

운동은 혈당 이용률을 증가시킨다. 잘 훈련된 운동선수는 일반인보다 포도당 섭취 후 혈당치가 비교적 낮게 나타난다. 따라서 이런 사람들은 탄수화물 섭취량이 높아도 안전하다.

(9) 근육의 강도 증가

근섬유가 두꺼워지고 혈액에서 산소와 영양소를 취하는 능력이 커져 근육의 노동능력이 크게 향상된다.

(10) 오버트레이닝

갑자기 격한 운동을 한 뒤 감기나 몸살을 앓는 경우를 흔히 볼 수 있는데, 자신의 운동 능력을 초과하는 고강도 운동 직후에 면역력이 급격히 떨어지기 때문이다.

4) 운동 종목에 맞는 음식

운동은 자신의 적성에 맞는 것을 찾아 지속적으로 하는 것이 중요하다. 그리고 운동하는 목적을 분명히 하고, 그 목표를 달성하려는 마음으로 하면 더 재미있고 효과적인 운동이 될 수 있다. 가령 체중감량, 근력강화, 일상의 건강유지 등 운동 종류와 목적도 다양하게 정하여 할 수 있겠다.

(1) 걷기·조깅 등의 유산소 운동

① 운동 방법 : 체중을 조절하려고 걷기나 조깅 등 유산소 운동을 할 때는 아침 공복이나 오후 웨이트 트레이닝이 끝난 뒤 하는 것이 체지방 분해에 가장 효과가 좋다. 주 3~4회, 40분~1시간 이내로 하는 것이 좋다.

② 식사 방법 : 식사는 운동 1~2시간 전에 하는 것이 좋다. 에너지를 내기 좋은 당질이 풍부한 빵·감자·고구마가 좋고, 과일은 사과·바나나·오렌지 등이 좋다. 운동 후에는 소화흡수가 쉬운 과일주스나 꿀물을 바나나나 딸기와 함께 먹는 것이 좋다. 또 운동 후 2시간 안에 달걀 흰자와 닭 가슴살 등으로 단백질을 섭취하면 근육 손실을 막을 수 있다.

(2) 요가

① 운동 방법 : 요가는 온몸의 근육을 이완시키는 스트레칭이 기본인 운동이고, 장소와 시간 제한을 덜 받는 운동이다. 몸의 유연성을 길러주고 마음을 안정시키는 효과가 있다. 1주에 3번 이상, 1시간 정도 하는 것이 몸과 마음의 피로를 푸는 데 효과적이다.

② 식사 방법 : 요가는 호흡이나 물구나무서기, 비트는 동작이 많아 식사를 한 뒤 바로 하면 부담스러우니 1시간 전후에 가벼운 식사나 과일을 먹는 것이 좋다. 된장찌개·김치찌개·미역국·청국장 등을 배가 부르지 않게 먹고 국물은 많이 먹지 않는다.

(3) 수영

① 운동 방법 : 수영은 에너지 소모가 많은 전신운동이다. 주 3회, 1회에 30~90분 정도 하는 것이 좋으며 저강도로 장시간 해야 칼로리를 많이 소모하는 데 효과적이다.

② 식사 방법 : 위에 부담이 적게 주고 칼로리가 높은 탄수화물 위주의 식사를

하는 것이 좋다. 운동 전 간식으로 사탕이나 초콜릿을 등을 먹어 에너지를 보충하는 것도 좋다. 식사는 운동 1시간 전에 하는 것이 좋고, 매끼 식사를 하되 양을 줄이면 체중을 조절하는 데 효과적이다.

(4) 웨이트 트레이닝

① 운동 방법 : 보통 웨이트 트레이닝과 유산소 운동을 병행해서 한다. 주 4회 이상, 1~1시간 30분 정도 하면 근성장과 근력증대에 효과를 볼 수 있다. 웨이트 트레이닝은 근육을 키워주어 기초대사량을 높이며 체형을 좋게 만들어 주고, 유산소 운동은 체지방 감소에 도움을 준다.

② 식사 방법 : 운동 1시간 30분~2시간 전에 하는 것이 좋은데 탄수화물·지방·단백질·섬유질 등이 골고루 든 식사를 한다. 운동 후에는 감자나 당근주스를 1시간 안에 먹고, 1~2시간 후에 고단백 저칼로리 식사를 하는 것이 근성장에 좋다. 지방이 적고 단백질 함량이 많은 고기류·닭가슴살·달걀 흰자 등을 충분히 먹고 탄수화물과 지방이 많은 식품은 절제하는 것이 효과적이다. 어느 경우나 신선한 야채는 충분히 먹는 것이 좋다.

2. 채식과 건강

1) 채식주의자

채식주의자(vegetarian)는 종교·건강·문화 등의 이유로 식물성 식품만을 먹는 사람을 말한다. 채식은 비만·암·심장질환 등 여러 가지 질환의 예방과 치료에 효과적이라는 보고가 있다. 채식의 종류와 장단점을 살펴보자.

채식주의자는 유형에 따라 아래와 같이 나눌 수 있다.

① Pure vegetarian or vegans : 모든 동물성 식품은 먹지 않고 식물성만 먹는 사람(Fruitarians : 채식 식단에서도 과일과 견과를 중시하는 사람)

② Lactovegetarian : 동물성 식품 중에서 우유와 유가공품은 먹는 사람

③ Ovolactovegetarian : 동물성 식품 중 우유·유가공품·달걀은 먹는 사람

④ Semivegetarian : 소와 돼지는 먹지 않고 생선과 가금류는 먹는 사람

⑤ Pescoegetarian : 소·돼지·가금류는 먹지 않고 달걀·우유·유제품은 먹는 사람

2) 채식주의자의 특징

① 비만인이 적다.

② 혈중에 콜레스테롤 함량이 낮아 심혈관질환에 잘 걸리지 않는다.

③ 고혈압 환자가 적다.

④ 소화기관의 장애가 적다.

⑤ 골다공증·요석·담석·당뇨병 발생률이 낮다.

3) 채식주의자의 문제

채식주의자들은 인체에 필요한 영양소를 고루 섭취하지 않기 때문에 영양결핍이 오기 쉽다. 특히 임산부나 수유부, 신생아나 성장기 아이, 환자나 회복기에 있는 사람은 영양 불균형에 취약하다.

① 에너지 : 섬유소가 많은 저열량 식사를 하면서 섭취량이 적으면 에너지가 부족할 수 있다. 그러나 충분하면 에너지 부족 현상은 잘 일어나지 않는다.

② 단백질 : 식물성 식품은 대부분 단백질 함량이 낮고 필수 아미노산 조성이 불량하며 소화흡수율도 낮다. 다양한 식품을 먹어 부족한 필수 아미노산을 보충하고, 단백질 함량이 많은 콩류와 콩류의 가공품을 많이 먹는 것이 좋다

③ 칼슘 : 순수한 채식주의자는 우유를 마시지 않으므로 두유 등 칼슘이 풍부한 식품을 많이 먹는 것이 좋다.

④ 철분 : 식물성 식품은 대개 철분 함량이 낮고 소화흡수율도 낮다. 되도록 철분이 많은 것을 먹는 것이 좋고, 비타민C는 철분 흡수를 돕는다.

⑤ 비타민D : 동물성 식품에 많으므로 채식주의자에게는 부족하기 쉽다.

⑥ 비타민B_{12} : 식물성 식품에는 없는데 부족하면 건강에 심각한 문제가 생길 수 있으니 주의해야 한다.

찾 | 아 | 보 | 기

【ㅇ】